国家"十二五"科技支撑计划项目

"严寒地区绿色村镇建设关键技术研究与示范"

课题2严寒地区村镇气候适应性规划及环境优化技术

U0211831

严寒地区绿色村镇公共开放空间规划设计示范图集

OPEN SPACE PLANNING AND DESIGN OF GREEN VILLAGES IN COLD AREAS

冷红　袁青　于婷婷　著

哈尔滨工业大学出版社
HARBIN INSTITUTE OF TECHNOLOGY PRESS

参与本书设计人员：

曲　扬　陈天骁　戴余庆　胡学慧　鲁钰雯　马智莉　石　飞
宋世一　王　磊　康碧奇　李锦嫱　李　彤　刘春琳　仝　玮

图书在版编目（CIP）数据

严寒地区绿色村镇公共开放空间规划设计示范图集/冷红，袁青，于婷婷著. ——
哈尔滨：哈尔滨工业大学出版社，2015.7
　ISBN 978-7-5603-5027-1

　Ⅰ. ①严… Ⅱ. ①冷… ②袁… ③于… Ⅲ. ①乡村规划—空间规划—中国—图集 Ⅳ.
①TU982. 29-64

中国版本图书馆 CIP 数据核字（2014）第 278978 号

责任编辑　王桂芝　张　荣
出版发行　哈尔滨工业大学出版社
社　　址　哈尔滨市南岗区复华四道街 10 号　邮编 150006
传　　真　0451-86414749
网　　址　http://hitpress.hit.edu.cn
印　　刷　哈尔滨市石桥印务有限公司
开　　本　787mm×1092mm　1/16　印张 5.25　字数 125 千字
版　　次　2015 年 7 月第 1 版　2015 年 7 月第 1 次印刷
书　　号　ISBN 978-7-5603-5027-1
定　　价　58.00 元

目录/CONTENTS

目录/CONTENTS

第一章 编制说明

□编制背景

村镇的公共开放空间是指存在于村镇聚落中的促进社会生活事件发生的公共活动场所，能够满足村镇居民聚集、交流、归属等基本需求，具有一定的地方特色和文化特征。以往的研究与实践更多偏重城市公共开放空间的建设，忽视了村镇体系中公共开放空间起到的重要作用，导致现在村镇公共开放空间数量匮乏或布局混乱。尤其是在严寒地区，漫长而严酷的寒冷气候给村镇公共开放空间建设造成了巨大的困难，严寒地区村镇居民在冬季的活动严重匮乏。因此，针对严寒地区，研究应对气候变化的村镇公共开放空间规划尤为必要。

新农村建设中，很多规划者照搬其他村镇甚至城市的公共开放空间设计，造成如今千篇一律的村镇公共开放空间，但是其功能与严寒地区村镇居民的需求不相匹配，导致村镇公共开放空间利用率低，难以发挥其应有的作用。本图集针对严寒地区村镇公共开放空间进行研究，切实调研了严寒地区村镇公共开放空间的现状建设情况、使用情况及村镇居民对公共开放空间的实际需求。同时，本图集结合不同地区村镇的空间资源、生态环境、经济状况、生活习惯等基础条件，提出相应的规划策略，并在此基础上选取调研地域做出示范规划方案，为建设严寒地区绿色村镇的公共开放空间提供参考。

□严寒地区村镇公共开放空间的类型

本图集按照空间属性将公共开放空间分为广场空间、绿地空间、街巷空间以及场所空间4种类型。

1. 广场空间

广场空间指较为开敞、承担一定生活或生产功能并配建有相应设施的公共开放空间，主要包括体育活动场地、休闲活动场地、集会活动场地和生产活动场地等。

2. 绿地空间

绿地空间指游憩为主要功能，兼具生态、美化、防灾等作用的开放空间，主要包括公共绿地、防护绿地、道路绿地和附属绿地等。

3. 街巷空间

街巷空间是村镇中最常见、分布最广泛的公共开放空间类型，除交通功能外，通常还承担一定生活性功能，主要包括主街、辅街和巷道等。

4. 场所空间

场所空间指未经专门建设和设计，承载着村镇居民自发性活动的空间。村镇中的场所空间主要包括公共设施周边（如村委会、食杂店等）、构筑物周边（如凉亭、小桥等）、自然元素周边（如大树、河流等）及农宅周边等。

□严寒地区村镇公共开放空间的特性

1. 功能复合性

公共开放空间的功能复合性主要表现在三个方面，包括生活性与生产性功能的复合、商业性与居住性功能的复合以及政治性与民俗性功能的复合。

2. 界限模糊性

村镇公共开放空间没有确切的边界，公共空间与私有空间存在一定程度的交融，如住宅前空间、街巷空间、村口空间等。

3. 事件触发性

村镇公共开放空间的形成有时是由一些特定的事件或事物所触发而形成的，如赶集市、红白喜事等事件会聚集人群而发展成为特殊的活动空间。

4. 文化继承性

村镇的公共开放空间承载着村镇的历史文化和民俗精神，如祠堂、寺庙等空间成为村民拜祭祖先、祈福朝拜的精神文化场所。此外，一些广场或街道也在特定的节庆活动中成为展示乡村传统的民俗文化场所，为文化与民俗的继承提供了物质空间条件。

□ 严寒地区村镇公共开放空间的设计原则

经实地调研发现，影响严寒地区村镇公共开放空间的主要因素包括气候条件、居民生活生产方式及其经济发展水平。因此，结合严寒地区村镇的特点，从行为兼容性、气候防护性以及经济实用性提出村镇公共开放空间的设计原则。

1. 行为兼容性原则

行为兼容性原则主要体现在以下三个方面：其一，应满足不同年龄、不同性别的村镇居民的使用需求，并着重考虑特殊群体的需求；其二，应兼容不同类型活动的需求，如体育活动、文艺活动和休闲活动等；其三，满足季节交替性需求，包括四季的交替和农忙、农闲时节的交替。

2. 气候防护性原则

在严寒地区，村镇公共开放空间在规划和设计方面应着重考虑冬季使用的气候防护性问题。气候防护性的提升可从以下四个方面考虑：其一，调整建筑物及植物围合、街巷空间走向和空间开口朝向等要素，塑造适宜村镇居民活动的微气候环境；其二，优化公共开放空间分布，缩短村镇居民抵达空间的距离和时间；其三，采用防滑的铺地、暖色系的配色方案以及热传导性较差的材质代替金属、理石等建材的使用，以满足空间设施在冬季的使用需求；其四，统筹规划室内外活动空间，为村镇居民提供休息和调整的温暖空间。

3. 经济实用性原则

与城市相比，村镇的规模和财力有限，公共开放空间的规划应秉承经济实用的原则，考虑以下三个方面：其一，结合村镇的经济发展情况以及需求，合理选择公共开放空间的建设面积、材料及设施；其二，公共开放空间类型选取与规划需考虑其运营方式以及维护、维修的费用；其三，公共开放空间应基于村镇居民的切实需求进行配置和设计，做到建其所需、尽其所用。

□严寒地区村镇公共开放空间的优化策略

1. 空间兼容性优化策略

优化空间功能兼容性的目的是通过对村镇公共开放空间进行有效地设计和改造，使一种空间除固有功能外，能够对更多的活动提供支持，从而实现土地的集约化利用，提升空间的使用效率。为此，需要研究统计分析不同类型的公共开放空间活动的发生比率。其中，广场及绿地空间中发生比率最高的活动为文艺活动、体育活动以及休闲活动；街巷空间中发生比率最高的活动是村镇特色活动和生活性活动；而场所空间中发生比率最高的活动是生活性活动、休闲活动和村镇特色活动。由此，综合居民的使用情况及其空间诉求，对不同空间类型承载的各种活动重要性进行评分，并依据调研及评分结果，研究得出各类型公共开放空间所需考虑的兼容性设计内容，具体内容见表1。

表1 公共开放空间兼容活动类型一览表

活动兼容性等级	广场及绿地空间	街巷空间	领域空间
文艺活动	●	○	○
体育活动	●	--	○
娱乐活动	●	●	●
交往活动	○	○	●
日常活动	--	○	●
商业活动	○	●	--
生产活动	○	--	○
交通活动	--	●	--

注：表中"●"表示必须设计；"○"表示选择性设计；"--"可不考虑设计

2.气候防护性优化设计策略

在严寒地区村镇公共开放空间气候防护性设计的主要原则是考虑如何抵御寒风侵袭以及获取充足的阳光照射，从而得到更具舒适度的空间场所。公共开放空间的围合形式、界面选择及设施管理等方面均需考虑冬季使用和防护的要求。

（1）广场及绿地空间的围合

从空间围合形式角度考量，为了保证公共开放空间能在冬季为活动人群提供足够的防护性，在严寒地区应选用全围合或半围合的布局方式（图1，图2）。其中，半围合方式的开口方向应背向冬季主导风向，宜朝向夏季风主导方向。

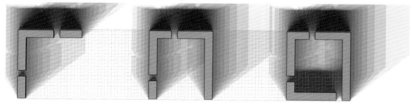

（a）半围合式-1　　　（b）半围合式-2　　　（c）全围合式

图1 不同围合形式的冬至日阴影分析

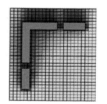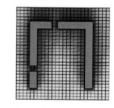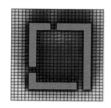

（a）半围合式-1　　　（b）半围合式-2　　　（c）全围合式

图2 不同围合形式冬季累计热辐射分析

（2）广场及绿地空间的界面

公共开放空间的界面包括水平界面和垂直界面两类，水平界面主要包括地面及局部半室内空间的顶棚，垂直界面主要有建筑、挡风墙等构筑物以及树木等自然元素。在气候优化设计中，水平界面着重考虑其材质的防护性，即选用防滑、防潮的材质。相比之下，垂直界面除了考虑空间的防护性，还要考虑到建筑物等实体界面会对阳光造成遮挡。因此，严寒地区村镇采用树木与建筑物混合的方式作为公共开放空间的垂直界面（图3）。

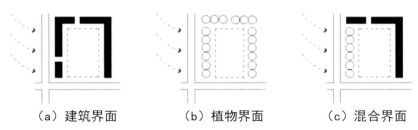

（a）建筑界面　　　（b）植物界面　　　（c）混合界面

图3 公共开放空间的垂直界面形式

（3）广场及绿地空间的设施

除了调整空间的围合形式与界面外，提升气候防护性的重要策略是增加能够适应严寒气候的空间设施，如利用室内或半室内的空间形成可供活动人群取暖的温暖空间，以及利用室外冰雪条件形成可供村镇居民进行冰雪特色活动的冬季活动设施。此外，及时清理堆积冰雪也是公共开放空间在冬季得以利用的重要条件。

3.公共开放空间场所塑造策略

（1）适于村镇的规模和尺度

通常来说，村镇中人口规模较小，公共开放空间的规模应根据村镇居民的具体数量及需求确定。公共开放空间的尺度应以人的尺度为基本尺度，以人的使用舒适为基本前提，保证在空间中活动的村镇居民能观察到较多细节，以增进人在空间中的舒适感和安全感。

（2）选用有活动支持的空间垂直界面

村镇公共开放空间界面应承载一定的生活性功能，以提高空间的使用效率。因此，可依托行政建筑、商业建筑及公共服务建筑布置公共开放空间，使其垂直界面能够为更多的活动类型提供支持。

（3）建立吸引驻留的空间场所

村镇居民在空间中的停留时间反映了场所的吸引力及活力，吸引人群停留的因素有：舒适的休息和倚靠设施、有趣的视野、交谈以及聆听的机会。在塑造村镇公共开放空间时，应结合村镇生活的行为习惯，设置恰当的停留空间，使位于其中的人群能够有"景"可看。

（4）选用符合村镇大众需求的活动设施

村镇公共开放空间应结合使用者的需求，设置符合村镇大众活动的设施，以获得较高的利用率，进而提升空间活力。

（5）有效利用乡村景观元素

公共开放空间的景观塑造应合理地融合村镇文化及民俗元素，以彰显村镇的文化氛围，展现村镇民俗风情，提升村镇活力。此外，公共开放空间在节日或特殊时节举行民俗文化活动，也是提升村镇公共开放空间活力的有效途径。

第二章　镇区公共开放空间规划设计

☐ 严寒地区镇区新建公共开放空间规划示范
☐ 严寒地区镇区原有公共开放空间整改规划

严寒地区镇区新建公共开放空间规划示范

新安朝鲜族镇公共开放空间规划

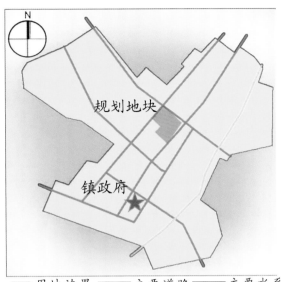

总规示意图

—— 用地边界　▭ 主要道路　▭ 主要水系

区位分析

　　新安朝鲜族镇是朝鲜族集居的地方，有着悠久的历史。

　　新安朝鲜族镇的地理条件优越，是旅游观光、洗浴、餐饮和体验丰富多彩的朝鲜族生活的地方。

　　规划地块位于新安朝鲜族镇主干路的交叉口，作为新安朝鲜族镇镇区居民的主要活动场地，同时承担着疏散人流的作用。

新安朝鲜族镇典型房屋

新安朝鲜族镇主街

新安朝鲜族镇辅街

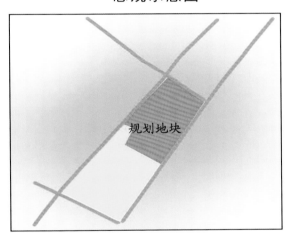

周边分析图

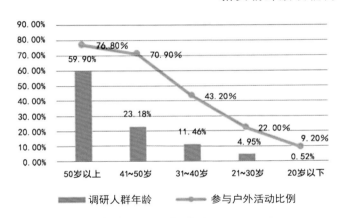

年龄构成与活动参与情况

图例：调研人群年龄　参与户外活动比例

数据点：76.80%、70.90%、59.90%、43.20%、23.18%、22.00%、11.46%、9.20%、4.95%、0.52%

改善建设重点	
开展镇区环境整治	58
完善基础设施	76
增加商业服务点	18
增设公共设施	48
硬化道路	77

改善建设重点

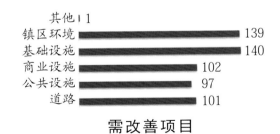

需改善项目	
其他	1
镇区环境	139
基础设施	140
商业设施	102
公共设施	97
道路	101

需改善项目

街道空间被生产性活动占用

绿地空间被生活性活动占用

街道空间被商业性活动占用

设计说明

规划地块邻近商业中心区，为了满足新安朝鲜族镇居民的日常生活，规划地块具有较高的兼容性，能够满足镇区居民在农闲时和农忙时不同的活动需求。

规划地块内部的小河沟作为主体的滨河景观带，串联规划地块内部的休闲活动区、儿童活动区和运动健身区，成为连接基地内公共服务设施的主要轴线。

规划地块内部充分兼顾了镇区居民对公共开放空间的开放性和私密性的不同需求，设置了公共活动空间、半公共活动空间和私密性活动空间。

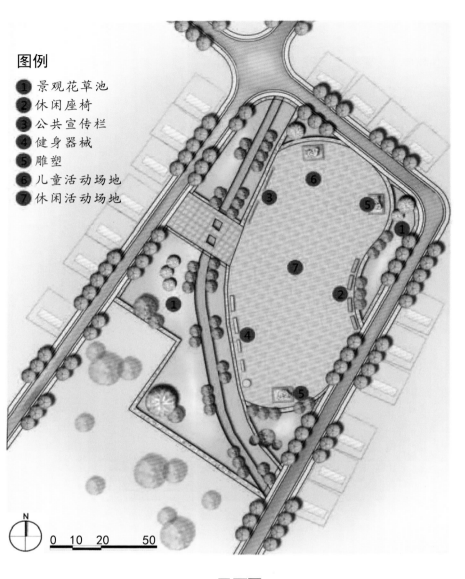

图例

① 景观花草池
② 休闲座椅
③ 公共宣传栏
④ 健身器械
⑤ 雕塑
⑥ 儿童活动场地
⑦ 休闲活动场地

平面图

主要用地指标

主要用地指标		
类别	面积/m²	所占比例/%
硬质铺地	6913	64.9
绿地	2701	25.4
水域	1033	9.7
总计	10647	100.0

N

0 10 20   50

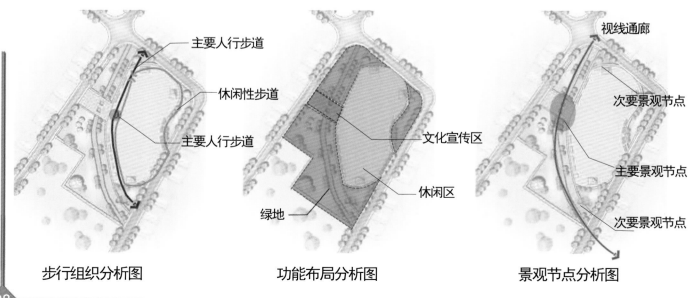

步行组织分析图　　　　功能布局分析图　　　　景观节点分析图

主要人行步道
休闲性步道
主要人行步道

文化宣传区
休闲区
绿地

视线通廊
次要景观节点
主要景观节点
次要景观节点

总规示意图

镇政府

规划地块

N

0 10 20   50

主要用地指标

主要用地指标		
类别	面积/㎡	所占比例/%
硬质铺地	605	32.9
绿地	378	20.1
水域	856	47.0
总计	1 839	100.0

图例

① 儿童活动场地
② 老人休憩场地
③ 健身器械
④ 林荫步道
⑤ 廊架
⑥ 景观花草池

平面图

区位分析

　　规划地块位于农林用地与养殖用地的交汇处，且邻近养殖用地。

滨河空间现状

滨河空间现状图

　　现状滨河空间具有较好的自然景观效果，但是由于缺乏合理的规划，杂草丛生，滨河空间的利用率低。

设计说明

　　规划地块邻近新安朝鲜族镇区的出入口，为了增加规划地块内部的联系，设置能够贯穿规划地块内部的滨河人行步道。

滨河休闲广场

　　沿河建设若干小型休闲广场，构成镇区居民休闲活动、体育活动、集会活动的不同空间。滨河采用自然生态型的建设方式，保留原有景观效果。

滨河活动区　　　　滨河生态景观

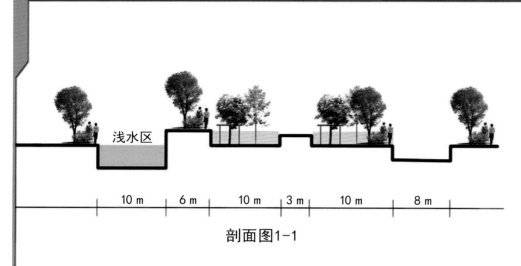

浅水区

| 10 m | 6 m | 10 m | 3 m | 10 m | 8 m |

剖面图1-1

浅水区 浅水区主要以观赏、休闲、体验为主，故在浅水区设置亲水平台以及其他类型的活动空间，供镇区居民使用。

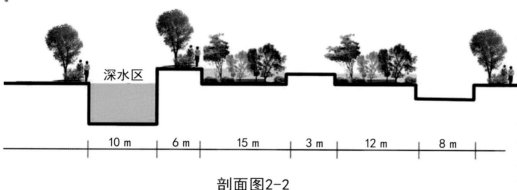

深水区

| 10 m | 6 m | 15 m | 3 m | 12 m | 8 m |

剖面图2-2

深水区 深水区主要考虑镇区居民的垂钓活动，以此丰富镇区居民的生活，促进邻里关系，故深水区活动空间由廊架、林荫等元素构成，打造供镇区居民休闲娱乐的垂钓区。

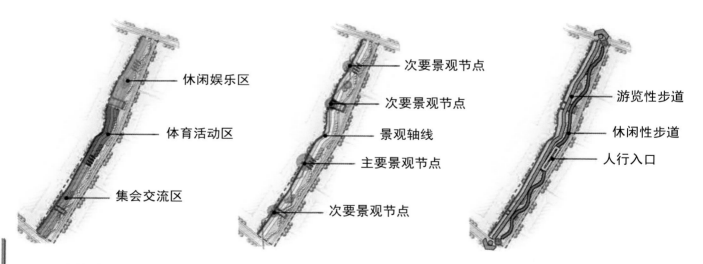

休闲娱乐区
体育活动区
集会交流区

功能布局分析图

次要景观节点
次要景观节点
景观轴线
主要景观节点
次要景观节点

景观节点分析图

游览性步道
休闲性步道
人行入口

步行组织分析图

人行步道设计分析

　　滨河人行步道较为狭长，为增加步行的趣味性和空间利用的有效性，在步道两侧设置若干小的休闲活动节点，提供镇区居民日常活动的场所。根据调研结果，镇区居民倾向于在大树下或水井旁的场所空间活动，如晒太阳、聊天、散步等。此外，弯曲的人行步道能够容纳更多的镇区居民，并逐步形成镇区的标志性公共开放空间。

人行步道设计构想图

沈阳市康平县郝官屯镇公共开放空间规划

总规示意图

区位分析

康平县郝官屯镇位于沈阳北侧，县东南辽河西岸。南与法库县毗邻，东与昌图县隔河相望。郝官屯镇境内地势南部高，东北部较低，地处辽河沿岸，土质肥沃，经济发展良好。

设计说明

规划地块邻近村镇的出入口，规划考虑其标识性，打造灵活的空间形态，通过曲线和直线的组合方式将规划地块建设成为具有标识性的场所。

规划地块内部为镇区居民预留了大面积的公共活动空间，方便其进行体育、休闲和娱乐等活动。

广场设计考虑到镇区居民对公共开放空间的需求如：生产需求、晾晒需求和农具堆放需求，采用大面积硬质铺地，提供谷物晾晒及堆放的空间。此外，为提升公共开放空间在冬季的使用率，采用多树种搭配的方式，形成植被防风界面，降低冬季季风对镇区居民活动的干扰。

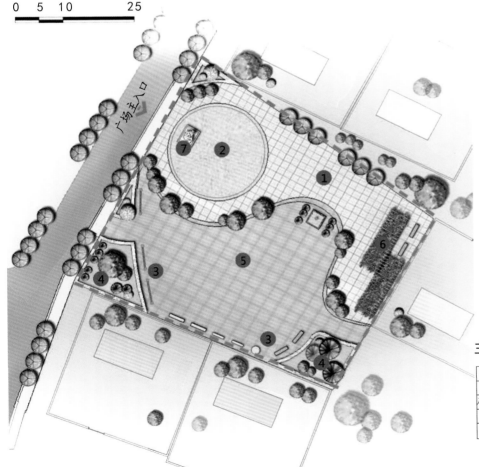

平面图

图例

1 儿童活动场地
2 老人休憩场地
3 健身器械
4 景观花草池
5 休闲活动场地
6 廊架
7 雕塑

主要用地指标

主要用地指标		
类别	面积/m²	所占比例/%
硬质铺地	51971	81.0
绿地	12184	19.0
总计	64156	100.0

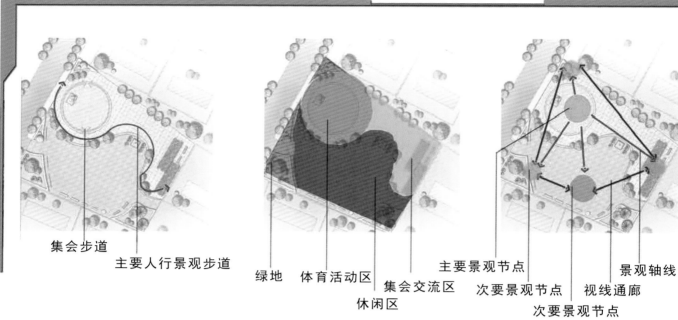

集会步道

主要人行景观步道

绿地　体育活动区

休闲区

集会交流区

主要景观节点

次要景观节点

景观轴线

视线通廊

次要景观节点

步行组织分析图　　　　功能布局分析图　　　　景观节点分析图

鸟瞰图

■ 长春市齐家镇公共开放空间规划

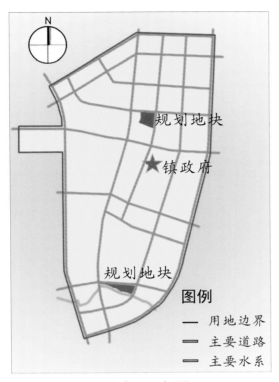

总规示意图

图例

— 用地边界
— 主要道路
— 主要水系

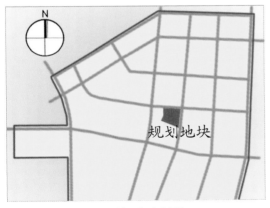

周边分析图

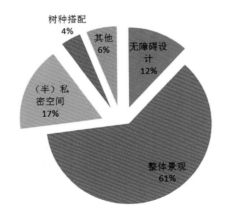

居民需求调查

区位分析

　　长春市双阳区齐家镇地处双阳区东部，饮马河西岸，依山傍水，环境宜人。齐家镇区位条件良好，位于长春一小时经济圈内。齐家镇地处温带大陆性季风气候，气温年差较大，冬季寒冷漫长。

　　全镇自然资源丰富，文化生活丰富，基础设施日臻完善，治安状况良好，经济事业飞速发展。

现状分析

　　规划地块位于齐家镇北部，东面和北面邻镇区道路，西面紧邻镇区医院，南面为住宅区。

　　规划地块现状：公共空间不适于镇区居民在冬季的使用，镇区以农宅为主，缺乏硬质广场，难以满足镇区居民户外活动的需求，同时缺少凉亭、廊架等防护设施，规划地块内部植被配植简单，整体景观性较差。

镇区广场现状

　　镇区现有广场缺乏合理规划及建设，仅以硬质铺地构成广场空间，缺乏外在围合。现状中乏味的广场难以吸引镇区居民，利用率极低。

设计说明

　　方案设计以简洁、大方、便民、美化环境和体现当地景观特色为原则。

　　公共开放空间设计结合齐家镇的地方特色和传统文化，进而增强镇区居民的归属感。基地内部规划实现了多功能交融，满足镇区居民多样化的空间需求。景观亭、廊架和健身器械等设施布局合理，能够在冬季起到一定的防风作用，提升广场在冬季的使用率。植物配植以耐寒灌木为主，并搭配草本类花卉，增强广场的景观观赏性。

主要用地指标

主要用地指标		
类别	面积/m²	所占比例/%
硬质铺地	8 020	63.8
绿地	4 550	36.2
总计	12 570	100.0

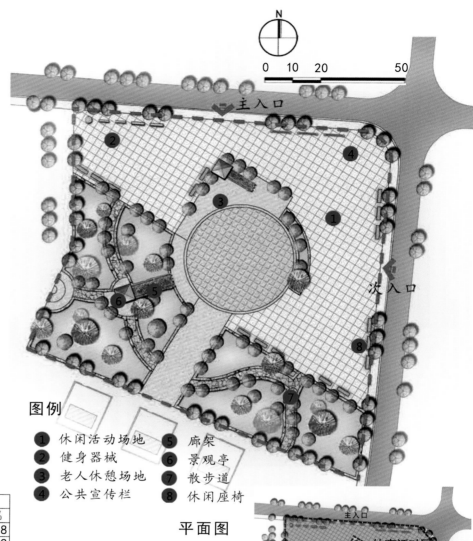

图例

① 休闲活动场地　⑤ 廊架
② 健身器械　　　⑥ 景观亭
③ 老人休憩场地　⑦ 散步道
④ 公共宣传栏　　⑧ 休闲座椅

平面图

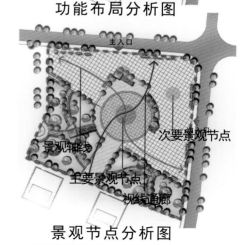

功能布局分析图

公共空间气候防护图

休息设施多采用木质以保暖
冬季雪融需要坡度排水
大面积广场以接收阳光照射
设置凉亭以考虑冬季避风
硬质铺地注意冬季防滑
选用耐寒树种以保证冬季植物景观

公共空间气候防护图

景观轴线
次要景观节点
主要景观节点
视线通廊

景观节点分析图

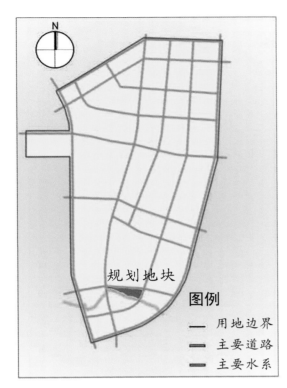

规划地块

图例
—— 用地边界
—— 主要道路
—— 主要水系

总规示意图

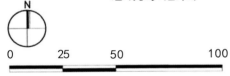

0   25   50   100

区位分析

　　规划地块三面临路，可达性较好，南邻水域，空间开阔，景观良好。

　　规划地块现状是废弃地，周边以农宅为主，缺乏活动场地，居民开展公共活动受限，难以满足镇区居民在户外活动的需求，规划地块内部杂草丛生，植物配植简单，整体景观性较差。

设计说明

　　规划地块为满足北面镇区居民的使用，在广场北面布置出入口，同时常绿乔木和灌木高低配植，形成层次感，在一定程度上抵挡了冬季寒风。由于严寒地区寒地气候的特殊性，规划地块内部采用防滑的硬质铺地，设置座椅、廊架和凉亭等设施，有利于冬季为镇区居民提供挡风避雪的休憩场所，同时结合大面积绿化，有利于形成微气候环境，调节严寒地区冬季严寒的气候，创造尺度适宜、环境优美的公共开放空间。

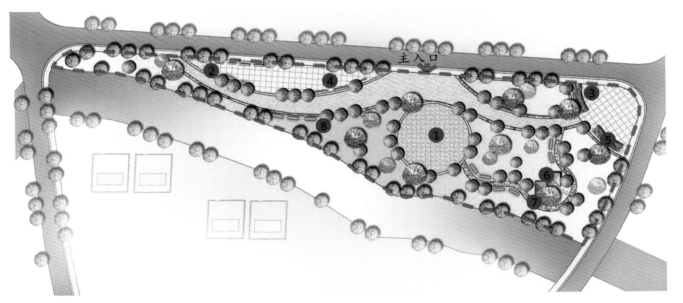

主要用地指标

主要用地指标		
类别	面积/m²	所占比例/%
硬质铺地	4 885	43.6
绿地	5 737	51.2
水域	583	5.2
总计	11 205	100.0

图例
1 休闲活动场地　　5 廊架
2 健身器械　　　　6 景观亭
3 老人休憩场地　　7 散步道
4 公共宣传栏　　　8 休闲座椅

平面图

效果图

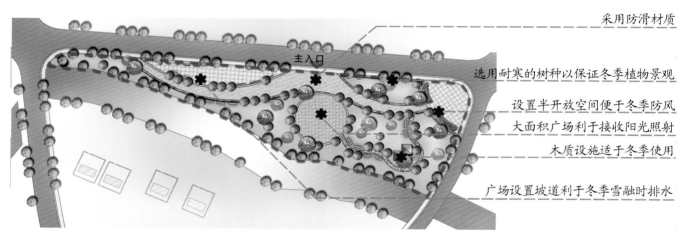

采用防滑材质

主入口

选用耐寒的树种以保证冬季植物景观

设置半开放空间便于冬季防风

大面积广场利于接收阳光照射

木质设施适于冬季使用

广场设置坡道利于冬季雪融时排水

公共空间气候防护图

滨河木栈道设计意向图

滨河木栈道设计构想

　　滨河木栈道能够为镇区居民提供具有趣味性的活动空间，充分发挥滨河空间的景观优势，加强镇区居民与自然的交流。考虑到老年人和儿童的活动安全问题，木栈道只架设在水面宽度2m以内、水深低于0.5m的河流处。

堤岸处理方式

　　河道断面处理的关键是要设计一个能够常年保证有水的河道及能够应付不同水位、水量的河床，这一点对于寒地河道景观格外重要。因此，齐家镇采取多层台阶式的断面结构，使其低水位河道可以保证一个连续的蓝带。

■ 木兰县新民镇公共开放空间规划

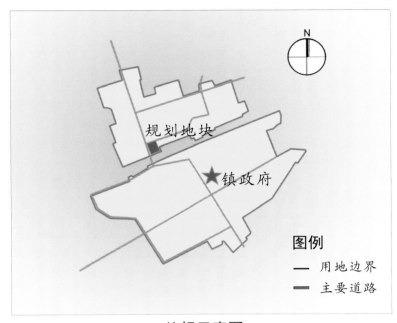

总规示意图

区位分析

　　新民镇位于木兰县中北部，全镇面积221平方公里。气候属于中温带大陆性季风气候，年平均温度为1℃至3℃。

　　新民镇耕地资源丰富，农业较发达。近年来，乡镇企业发展迅速，居民生活水平有了较大的提高。

	住宅密集，缺少活动空间	公共绿地面积过少	绿化景观欠缺	缺乏健身场地	休闲活动广场严重缺乏	公共服务设施分布不合理	冬季室外空间不适宜活动
李某	✔	✔	✔		✔	✔	✔
徐某某		✔	✔	✔	✔		
张某某	✔	✔	✔		✔	✔	✔
刘某		✔	✔		✔		
张某某		✔	✔		✔		
罗某		✔	✔	✔		✔	✔
曲某	✔		✔		✔	✔	
赵某某			✔			✔	✔
孙某			✔			✔	✔
郑某		✔	✔			✔	✔
王某某	✔		✔	✔	✔	✔	
万某	✔	✔			✔	✔	✔

公共空间现状调查

调研分析

　　根据对当地居民关于公共空间现状的随机问卷调查：公共绿地的缺乏、绿化景观单一和冬季活动的不适宜性是公共空间现状的主要问题。

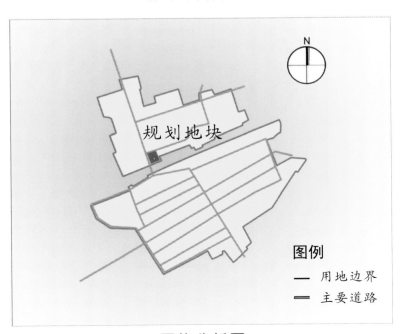

现状分析

　　镇区现状居住建筑密度较高，缺乏公共绿地和公共活动空间，居民邻里交往受到限制。

　　公共开放空间的现状情况不能满足居民在冬季的室外活动需求，需加强公共开放空间的规划建设。

区位分析图

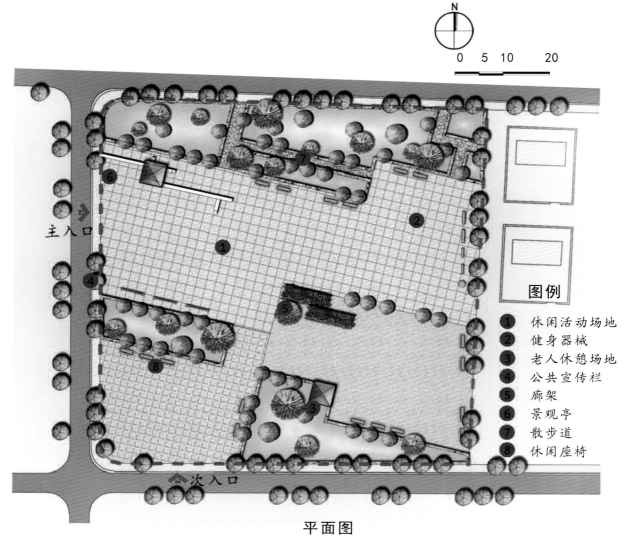

平面图

图例

1 休闲活动场地
2 健身器械
3 老人休憩场地
4 公共宣传栏
5 廊架
6 景观亭
7 散步道
8 休闲座椅

主要用地指标

主要用地指标		
类别	面积/m²	所占比例/%
硬质铺地	7 348	64.2
绿地	4 098	35.8
总计	11 446	100.0

设计说明

　　设置的大面积硬质广场空间，方便镇区居民进行集会和文艺等活动；强调场地的多功能性，满足不同时节居民的农具存放和谷物晾晒等需求；北面布置绿化，种植白桦、银杏等耐寒植物，形成防护界面，减小冬季寒风对广场的干扰，同时保证广场冬季的绿化景观。

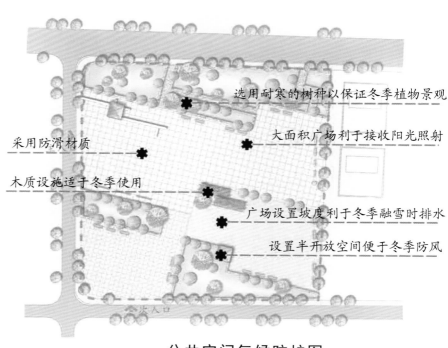

选用耐寒的树种以保证冬季植物景观

大面积广场利于接收阳光照射

采用防滑材质

木质设施适于冬季使用

广场设置坡度利于冬季融雪时排水

设置半开放空间便于冬季防风

公共空间气候防护图

■ 辽源市寿山镇公共开放空间规划

图例
—— 主要道路
—— 主要水系

现状分析

　　规划地块位于寿山镇东部，呈三角形，东西两侧邻镇区道路，南侧邻水域，交通可达性强，视野开阔，周边环境优良。

　　规划地块现状不能满足寒地镇区的气候要求，缺少必要的挡风遮雪的防护设施，缺乏集中的硬质广场。植物配植简单，景观性较差。

总规示意图

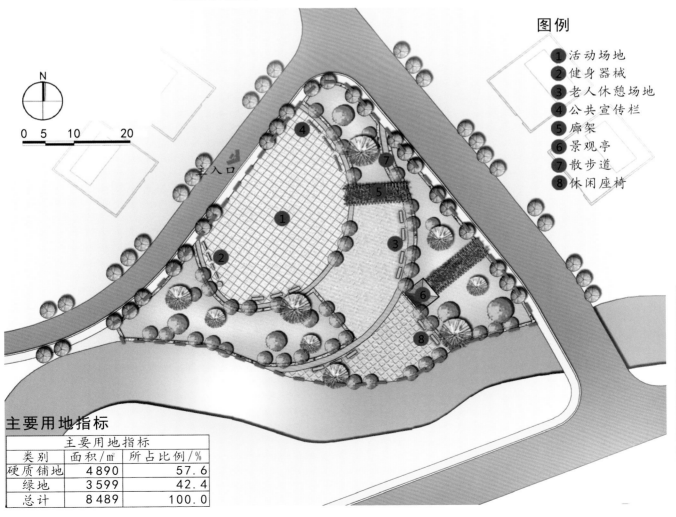

图例
① 活动场地
② 健身器械
③ 老人休憩场地
④ 公共宣传栏
⑤ 廊架
⑥ 景观亭
⑦ 散步道
⑧ 休闲座椅

主要用地指标

主要用地指标		
类别	面积/㎡	所占比例/%
硬质铺地	4 890	57.6
绿地	3 599	42.4
总计	8 489	100.0

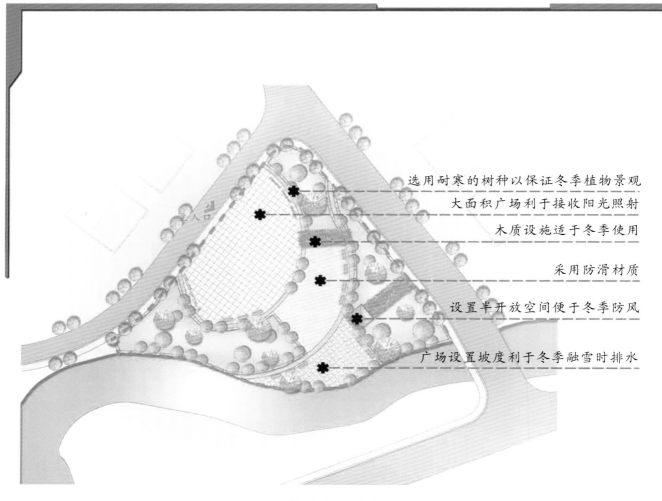

选用耐寒的树种以保证冬季植物景观

大面积广场利于接收阳光照射

木质设施适于冬季使用

采用防滑材质

设置半开放空间便于冬季防风

广场设置坡度利于冬季融雪时排水

公共空间气候防护图

设计说明

设计突出了公共开放空间在冬季的可适应性。

大面积硬质广场为镇区居民提供公共活动的场所，方便居民进行文娱和集会等活动。按照老人和小孩对公共开放空间设施的需求，合理配置健身器械和休息座椅等配套设施。绿化配植上，注重植物的多样性，种植如松树、柏树等耐寒植物，以保证冬季的景观。

冬季滨河空间现状图

冬季滨河空间改造意向图

寿山镇冬季滨河空间现状

严寒地区冬季气温极低，河道结冰后形成下凹的冰道，造成更为寒冷的微气候环境。现状中，冬季滨河空间呈现出萧条的景象，空间利用率极低。

寿山镇冬季滨河空间改造意向

冰雪环境是塑造镇区公共开放空间的劣势，但同时也是创造冰雪活动场所的机遇。严寒地区冬季河道结冰后可以形成天然的滑冰场、冰球场，经规划形成系统的冰上活动场地，为儿童及青少年提供冬季的户外活动场所。

严寒地区镇区原有公共开放空间整改规划

本溪市华来镇公共开放空间整改

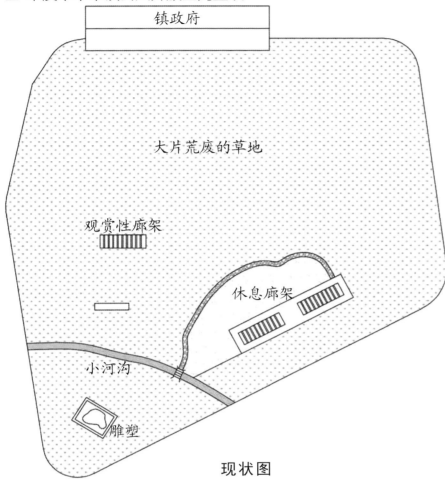

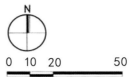

现状图

现状分析

华来镇位于辽宁省本溪市桓仁满族自治县西部，是辽宁省政府确定的小城镇建设中心镇之一。

本次项目为镇政府前公共开放空间规划整改。现状的整体景观效果较差，除零星分布的几处廊架和一处雕塑外，其余为大片荒废的草地。

对镇区居民的访问调查中发现，居民对开放空间重新规划有强烈的意愿，并提出需要重点改善开放空间中遮荫乔木和植被绿化不足的问题。

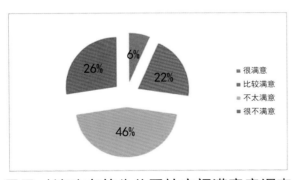

居民对镇政府前公共开放空间满意度调查

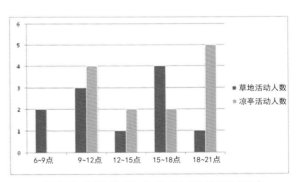

不同时段公共空间使用情况调查

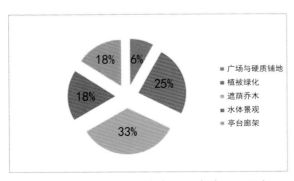

居民对公共开放空间改造意愿调查

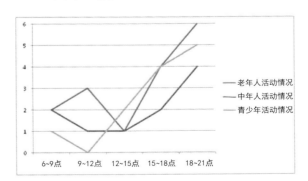

不同年龄段居民使用情况调查

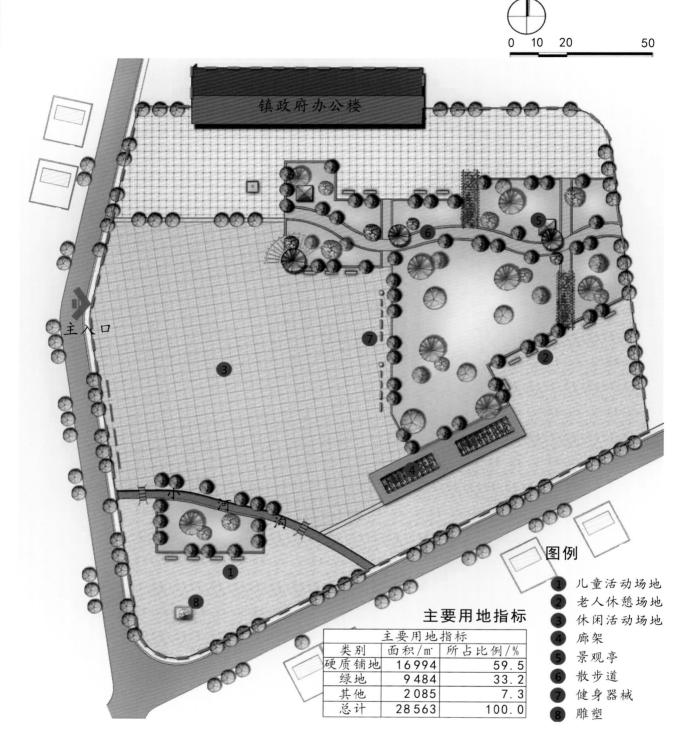

N

0 10 20   50

镇政府办公楼

主入口

⑤

⑥

⑦

③

②

④

小 河 沟 旁

①

⑧

主要用地指标

主要用地指标		
类别	面积/m²	所占比例/%
硬质铺地	16 994	59.5
绿地	9 484	33.2
其他	2 085	7.3
总计	28 563	100.0

图例

① 儿 童 活 动 场 地
② 老 人 休 憩 场 地
③ 休 闲 活 动 场 地
④ 廊 架
⑤ 景 观 亭
⑥ 散 步 道
⑦ 健 身 器 械
⑧ 雕 塑

平面图

整改说明

　　本广场为华来镇镇政府前广场，是华来镇重要的公共开放空间，也是镇区居民主要的公共活动场所。

　　本方案突出了公共开放空间在冬季的可适应性。西侧邻道路设置中心广场，为居民提供集会、文艺等活动的场地。同时，广场兼容居民不同时节的使用需求，如生产需求、谷物晾晒需求等。设置凉亭、廊架等配套设施，夏季遮阳，冬季挡雪，方便居民使用。在绿化上，多种植雪松、白桦等耐寒植物，以保证冬季景观。

海林市新安镇公共开放空间整改

现状分析

镇政府前公共开放空间为半围合式场地，东侧、北侧被现有建筑围合，西侧、南侧为开敞空间。北侧建筑为镇政府和文化活动室，东侧为废弃仓库，西、南两侧被围墙围合。

现状在广场南侧布置主要入口，院落内铺地为硬质水泥。在镇政府办公楼正前方规划一处升旗台。广场中央规划篮球场，供镇区居民使用。

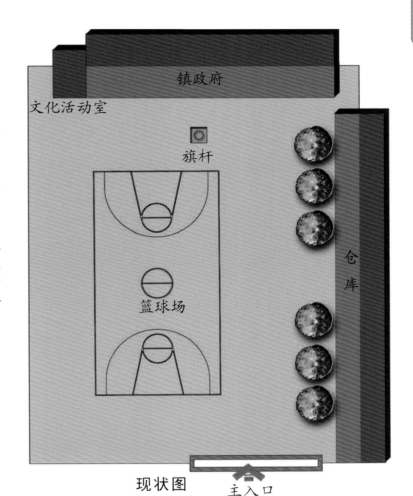

现状图

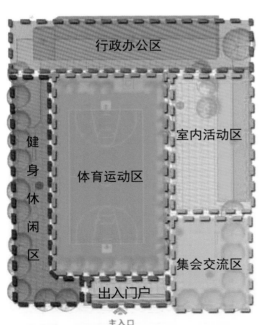

功能布局分析图

改建后的广场共分为六部分，分别为行政办公区、体育运动区、健身休闲区、室内活动区、集会交流区及出入门户等，满足镇区居民的使用需求。

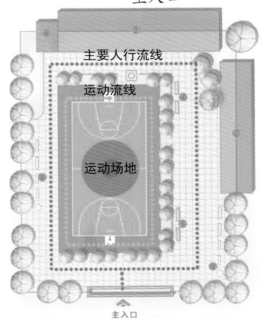

步行流线分析图

广场形成两个集中场地，其中以体育运动场为主，以集散交流场为辅，以出入口为起点，串联起各使用空间，形成连贯有序的步行流线。

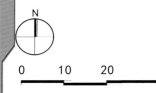
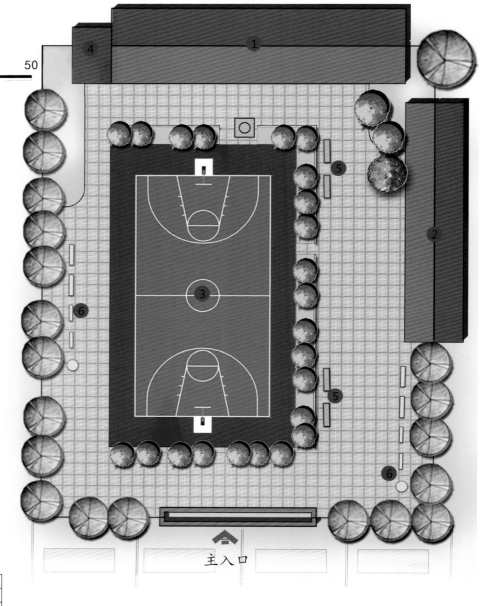

整改说明

　　广场的整改分为三个层面：保留、改造和新建。其中，保留镇政府、广场旗杆及健身器械。

　　在改造方面，将原有的文化活动房改为公厕。对篮球场和广场铺地进行升级改造，将原有的仓库拆除一部分。室外形成集中的休闲场，新增乘凉座椅及建筑周边的草地，为广场提供多样的活动空间和绿化环境。

主入口

平面图

主要用地指标

主要用地指标		
类别	面积/m²	所占比例/%
硬质铺地	1 506	87.4
绿地	178	10.3
水域	39	2.3
总计	1 723	100.0

图
例

① 活动中心　　③ 篮球场　　⑤ 休闲座椅
② 集贸中心　　④ 公　厕　　⑥ 健身器械

关于篮球场保留及地面改造的说明

　　将篮球场地面材质改为弹性材料，有利于镇区居民的活动。保留规划地块内篮球场，白天用作篮球场，晚上用做广场舞活动空间。

关于废弃厂房的功能改造说明

　　1.活动中心——用作棋牌室、乒乓球室、阅读室、图书室、展览室及贮藏室等。
　　2.镇级物流集贸中心——用作蔬菜、水果交易中心，秋季粮食定期交易中心，镇级集贸中心和物资派发中心等。

铁力市朗乡镇公共开放空间整改

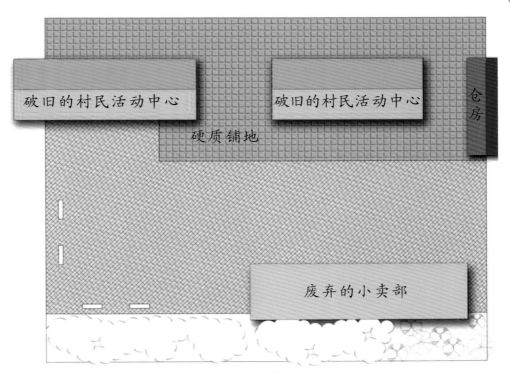

现状分析

　　规划地块为镇区中心的原镇区居民活动广场。规划地块内部的房屋年久失修，铺地疏于维护与修整，整体破旧不堪，缺乏活力。规划地块内部杂草丛生，环境质量较差，缺少镇区居民活动所需的基础设施，难以满足镇区居民户外活动的基本需求。

现状图

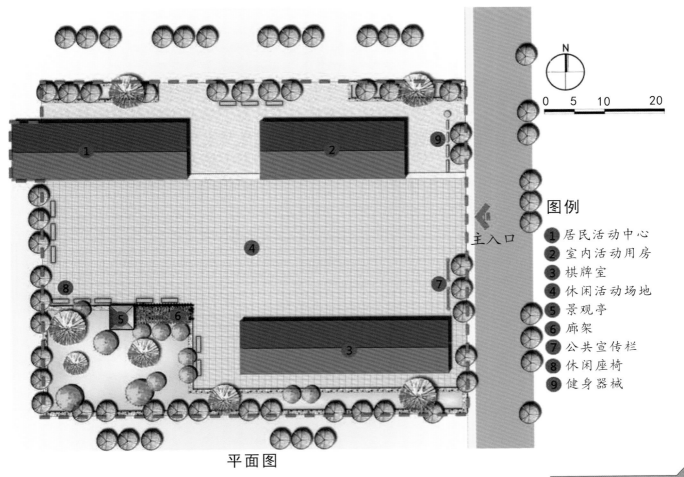

图例

1 居民活动中心
2 室内活动用房
3 棋牌室
4 休闲活动场地
5 景观亭
6 廊架
7 公共宣传栏
8 休闲座椅
9 健身器械

平面图

■ 哈尔滨市延寿镇公共开放空间整改

现状分析

延寿镇在哈尔滨东南166公里处，是延寿县政府所在地。延寿镇自然环境优美，山清水秀，资源丰富，属大陆性季风气候。特点是：冬寒、春旱、夏雨多、秋霜早，四季变化明显。

近年来随着延寿镇综合经济实力的逐年增强。延寿镇居民对自己的生活环境要求也在逐渐提高。但现有公共开放空间面积不足，难以满足镇区居民日常休闲活动的需求。

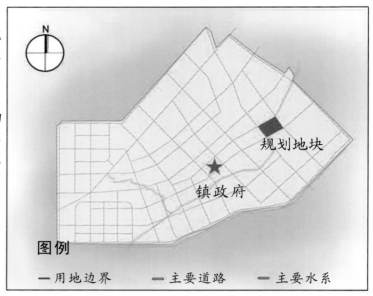

总规示意图

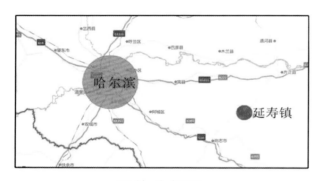

区位分析图

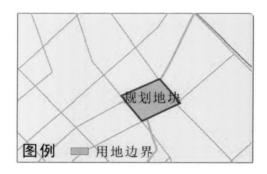

周边分析图

原方案设计说明

原规划方案如右图所示，该方案场地设计空旷，对于镇区来说，广场设计尺度过大，空间不便于使用，无法满足居民的使用需求。此外，广场缺乏活动设施、过于图形化，水景设计不符合严寒地区村镇广场的空间特色。因此，对该方案进行修改。

原规划方案

主要用地指标

主要用地指标		
类别	面积/m²	所占比例/%
硬质铺地	12 687	51.3
绿地	12 006	48.7
总计	24 693	100.0

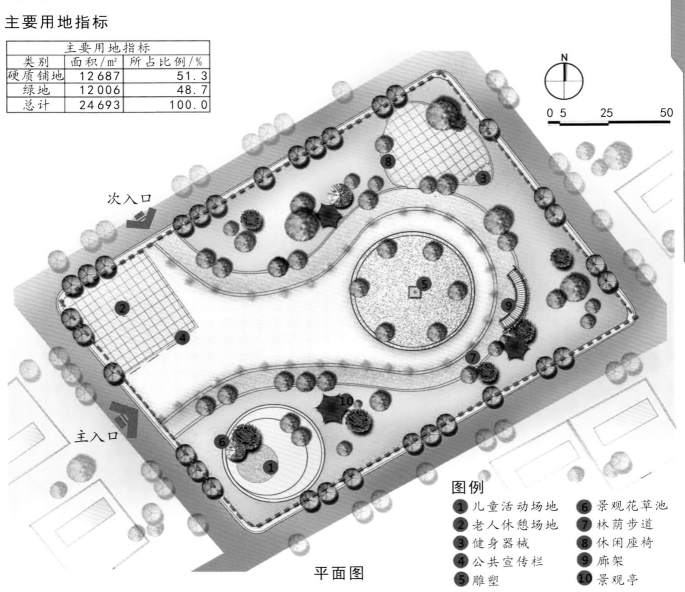

次入口

主入口

平面图

图例

1 儿童活动场地　　6 景观花草池
2 老人休憩场地　　7 林荫步道
3 健身器械　　　　8 休闲座椅
4 公共宣传栏　　　9 廊架
5 雕塑　　　　　　10 景观亭

设计说明

　　规划地块紧邻农宅，周边农户为公共空间主要服务对象，规划中将围绕圆形广场晨练跑道及位于规划地块西部的活动区作为规划的重点，同时在靠近农宅的东侧增加了大面积的开敞空间，满足农户日常休闲活动的需求，配合丰富的植物种植，使小广场更具特色。

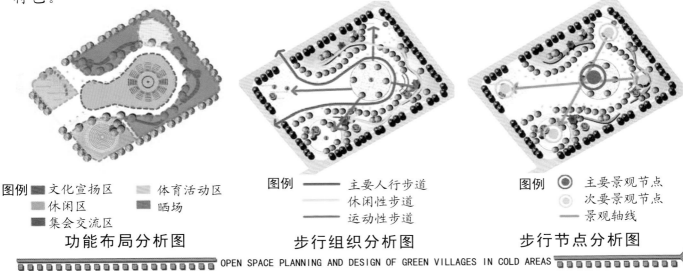

图例 ■文化宣扬区　■体育活动区
　　■休闲区　　　■晒场
　　■集会交流区

图例 ——主要人行步道
　　　——休闲性步道
　　　——运动性步道

图例 ◎主要景观节点
　　　◉次要景观节点
　　　——景观轴线

功能布局分析图　　　　步行组织分析图　　　　步行节点分析图

区位分析

规划地块位于延寿镇中部，镇政府西面。规划地块周围用地性质分别为居住用地、教育用地及商业用地。规划地块区位条件较好，能够方便周围居民使用。通过实际调研，了解到规划地块的现状用途是杂物摆放和农机停放。

总规示意图

常用杂物摆放

规划地块位于商业用地的周围，提供临时仓储的空间，同时也给延寿镇带来了其他的问题。例如堆放的杂物在中午和晚上的交通高峰时段严重影响周边的公共运输。

周边车辆停放

规划地块紧邻周围的居住用地和商业用地，因此规划地块成为临时停车点。规划地块周围的交通密集，影响了周围居民通行的安全和顺畅。过多的农机停放阻碍交通通行。

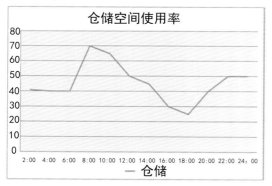

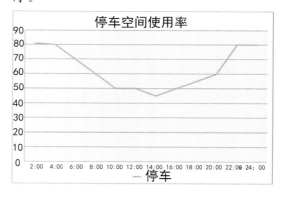

现场调研分析

现场调研发现，车辆停放及仓储活动高峰期集中于傍晚时间。现场访问得知，周围居民多在傍晚时来往于此。同时调研发现了晚间灯光过暗的问题，建议增加照明设施。

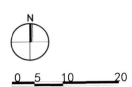

0 5 10 20

设计说明

　　方案中设计的广场位于延寿镇中心区域。规划地块西北侧布置停车场地，为附近商店店主和居民服务。规划地块东北侧设计儿童活动沙池，东南侧设计健身及活动设施，为镇区居民提供了丰富的活动项目和娱乐场地。中心的圆形广场是规划地块景观和视线的交点，结合雕塑，丰富了广场的景观元素。整体设计突出了规划地块功能的兼容性。

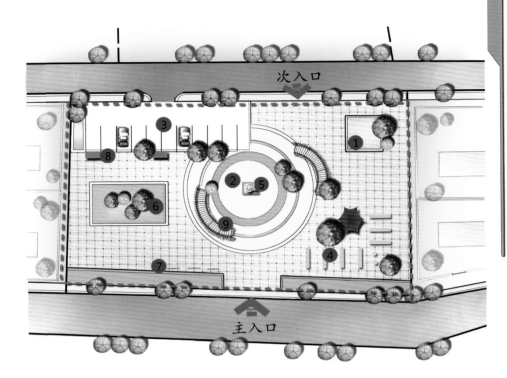

图例

① 儿童活动场地　④ 健身器械　⑦ 公共宣传栏
② 休闲活动场地　⑤ 雕塑　　　⑧ 休闲座椅
③ 停车场　　　　⑥ 景观花草池　⑨ 廊架

平面图

季相植物选择　利用植物季相特色，塑造随季节交替的园林配植结构图。

春季　连翘　榆叶梅

夏季　山梅花　木绣球

连　翘　落叶灌木，早春先叶开花，香气淡艳，满枝金黄。
榆叶梅　灌木稀小乔木，枝紫褐色，紫红色，花期4月。

山梅花　灌木，花冠盘状，花瓣白色，果期7~8月。
木绣球　忍冬科落叶或半常绿灌木，高达4米。芽、叶柄及花序均密被灰白色或黄白色簇状短毛。

秋季　槭树　红瑞木

冬季　侧柏　樟子松

槭　树　槭树科槭属，树姿优美，叶形秀丽，秋季叶渐变为红色或黄色，增加秋景色彩之美。
红瑞木　山茱萸科落叶灌木。老干暗红色，枝桠血红色。与常绿乔木相间种植，得红绿相映之效果。

侧　柏　常绿乔木。树冠广卵形，小枝扁平，叶小，紧贴小枝上，呈交叉对生排列。
樟子松　常绿乔木，高15~25米，作为庭园观赏及绿化树种。生长较快，材质好，适应性强。

主要用地指标

主要用地指标		
类别	面积/㎡	所占比例/%
硬质铺地	1 210	53.3
绿地	721	31.6
停车场	345	15.1
总计	2 276	100.0

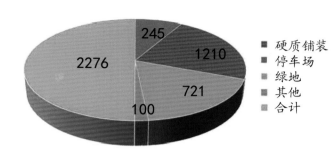

公共空间主要用地统计图

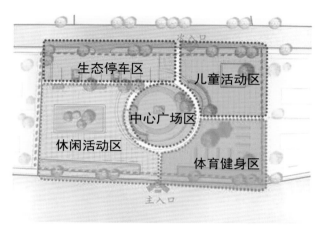

功能布局分析图

广场用地形状规整，将其规划为生态停车区、儿童活动区、休闲活动区、体育健身区和中心广场区五大部分。

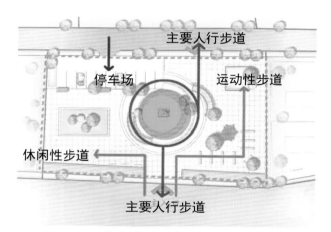

步行组织分析图

中心广场区成为该商业广场的核心步行区，内部道路串联四大功能区与景观节点，流线清晰，构成广场内部的步行系统。

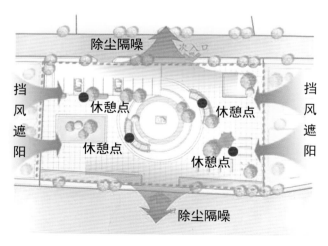

微气候环境分析图

广场两侧沿街绿化隔离了道路灰尘、噪声，绿植既为镇区居民提供了遮阳休憩的场所，又形成了冬季挡风屏障。

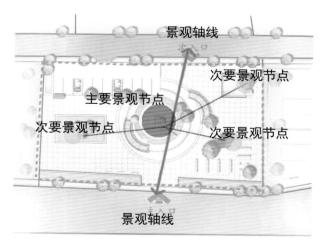

景观节点分析图

中心广场的喷泉结合花架、六角亭等，构成规划地块的主要景观节点。喷泉与出入口结合，形成景观轴线，串联各次要景观节点。

第三章 村庄公共开放空间规划设计

□ 严寒地区村庄新建公共开放空间规划示范

- 齐齐哈尔市拜泉县村庄公共开放空间规划
- 齐齐哈尔市拜泉县兴华乡公共开放空间规划

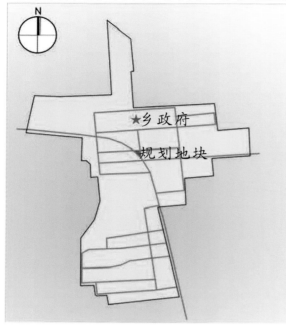

总规示意图

兴华乡中心广场现状

区位分析

兴华乡地处拜泉县中部地区，历史悠久，经过多年的发展建设，兴华乡保持了良好的增长势头，产业结构调整也进一步趋向合理，进入了持续、稳定、健康的发展阶段。

规划地块位于乡政府前，现为广场用地，为了搞好小城镇的基础设施和公共设施建设，将合理规划广场用地，做到为村民服务。

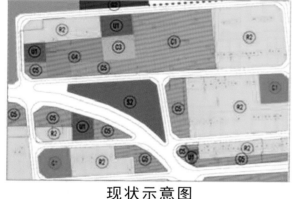

现状示意图

现状分析

兴华乡冬季寒冷，缺少室外活动场地，公共开放空间的基础设施不完善，该规划地块现状为广场用地，广场地形呈三角形，三面临路，是村民主要的集散与游憩场地。

现状广场内部设施简陋，缺少供村民日常使用的健身、休闲等设施，并且广场铺装简陋，耐寒植被缺乏，急需改善。

使用功能情况调查

季节性使用情况调查

村庄的辅道经常作为生产性空间（粮食晾晒、堆放等），在一定程度上干扰正常使用。

辅道的生产性活动

村庄的主路常作为商业活动的空间，承载赶集、夜市等活动。

主道的商业性活动

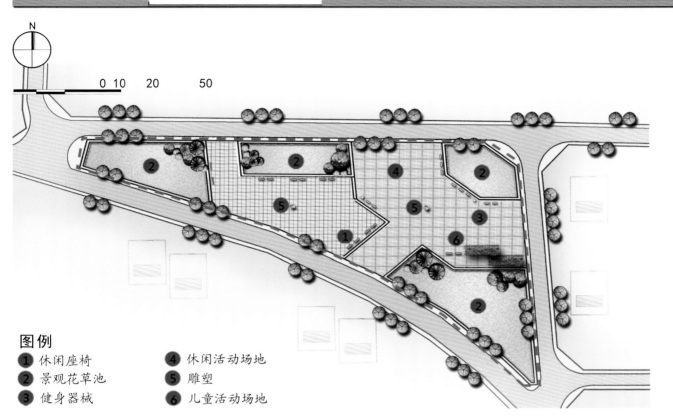

N

0 10 20 50

图例

1 休闲座椅
2 景观花草池
3 健身器械
4 休闲活动场地
5 雕塑
6 儿童活动场地

平面图

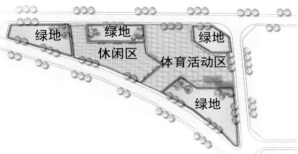

绿地　绿地　绿地
休闲区　体育活动区
绿地

功能布局分析图

主要用地指标

主要用地指标		
类别	面积/m²	所占比例/%
硬质铺地	2 196	47.7
绿地	2 404	52.3
总计	4 600	100.0

设计说明

依据用地条件，广场设计采用规则式手法，强调广场中心的使用功能，在中心为村民预留了大面积的公共活动空间，方便村民开展各项体育、文艺等活动，保证了空间的兼容性。

该规划地块的设计突出了寒地村镇广场在冬季使用的可适应性，采用建筑半室外空间、种植耐寒的植被等多种方式，保证广场在冬季方便村民的使用，同时将绿地与步行系统有机结合，创造宜人的步行、休憩环境，将不同功能分区紧密联系在一起，体现广场良好的引导性。

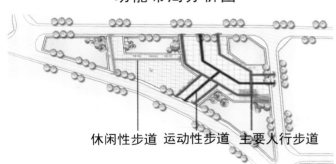

休闲性步道　运动性步道　主要人行步道

步行组织分析图

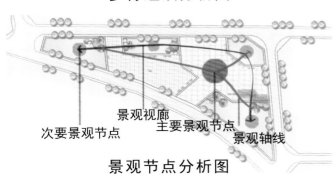

次要景观节点
景观视廊
主要景观节点
景观轴线

景观节点分析图

● 齐齐哈尔市拜泉县爱农乡公共开放空间规划

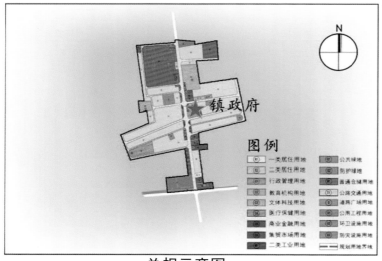

总规示意图

区位分析

爱农乡位于齐齐哈尔市拜泉县西南部。该村土地平坦，自然条件较好，属寒温带大陆性季风气候，经济产业主要依靠农耕。为丰富村民的文化生活，在十字街交叉口东侧规划一处公共开放空间。

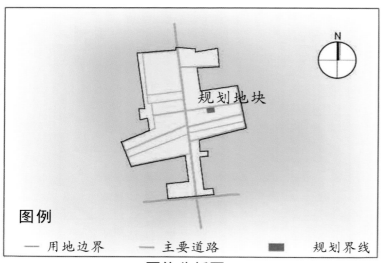

图例
— 用地边界　　— 主要道路　　▇ 规划界线

区位分析图

现状分析

规划地块位于拜泉公路东侧，临近村政府、集贸市场，处于村庄中心，是村庄人流最密集的区域，具有很好的可达性。规划地块南侧紧邻大量农宅，方便村民对公共空间的使用，规划后形成村庄的休闲文化中心。

	停车场	健身器材	座椅	麻将桌	凉亭
村民李某	✓	✓	✓	✓	✓
村民徐某某		✓	✓	✓	✓
村民张某某	✓	✓	✓		✓
村民刘某		✓	✓		✓
村民张某某		✓	✓	✓	
村民罗某	✓	✓	✓	✓	
村民曲某某	✓	✓	✓		✓
村民赵某某		✓	✓		✓
村民孙某	✓	✓	✓		✓
村民万某	✓	✓	✓	✓	✓

增加公共空间设施调查

村民对公共空间的需求调查结果显示，大多数村民需要户外活动场地，公共空间需增加的设施以健身器材、座椅和凉亭为主。

现状周边照片

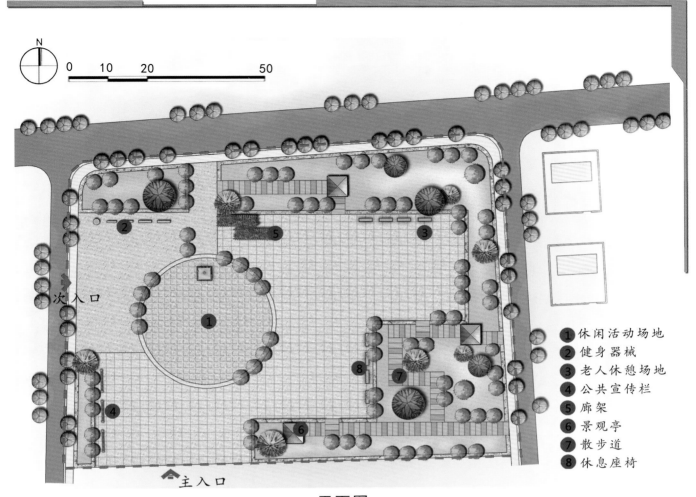

平面图

设计说明

　　南向布置大面积的硬质广场，冬季利于接收阳光照射。同时，广场为村民进行集会、体育等活动提供了场地。广场北侧布置绿化，多种植耐寒植物，如雪松、白桦等，形成防护界面，能抵挡冬季寒风。

图例：
1 休闲活动场地
2 健身器械
3 老人休憩场地
4 公共宣传栏
5 廊架
6 景观亭
7 散步道
8 休息座椅

主要用地指标

主要用地指标		
类别	面积/m²	所占比例/%
硬质铺地	5285	62.1
绿地	3225	37.9
总计	8510	100.0

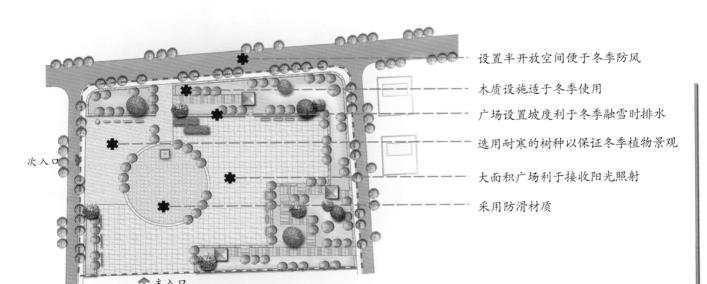

设置半开放空间便于冬季防风

木质设施适于冬季使用

广场设置坡度利于冬季融雪时排水

选用耐寒的树种以保证冬季植物景观

大面积广场利于接收阳光照射

采用防滑材质

公共空间气候防护图

● 齐齐哈尔市拜泉县时中乡公共开放空间规划

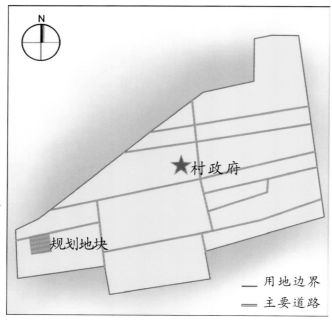

总规示意图

区位分析

规划地块位于时中乡西部，邻近时中乡中学。并邻近时中乡的出乡口，兼容疏散人流、村庄门户和村民活动等功能。

设计说明

规划地块为村民预留了大面积的公共活动空间，方便村民开展体育活动、文艺活动。

在设施材料选择方面，主要使用木质材料，铺地选用防滑材质。

广场设计充分考虑了村民在冬季的使用需求，通过打造半封闭空间、建设防风界面（墙体或植被）等方式，达到冬季防风避雪的效果，提升广场在冬季的使用率。

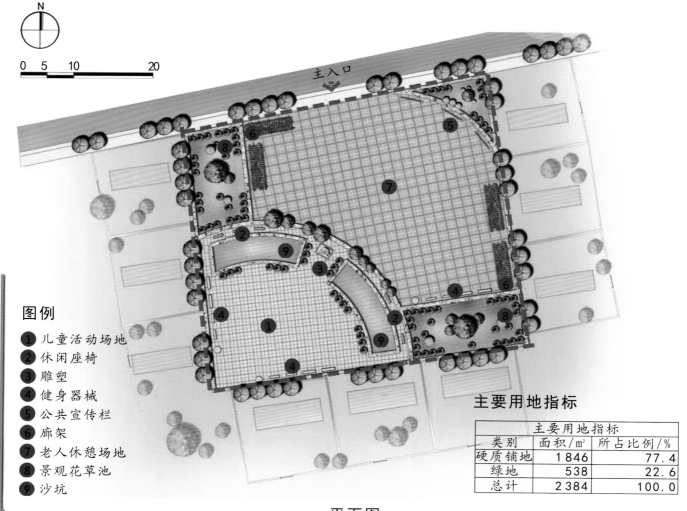

图例

- ❶ 儿童活动场地
- ❷ 休闲座椅
- ❸ 雕塑
- ❹ 健身器械
- ❺ 公共宣传栏
- ❻ 廊架
- ❼ 老人休憩场地
- ❽ 景观花草池
- ❾ 沙坑

主要用地指标

主要用地指标		
类别	面积/m²	所占比例/%
硬质铺地	1846	77.4
绿地	538	22.6
总计	2384	100.0

平面图

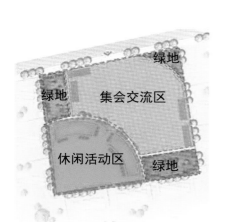

功能布局分析图

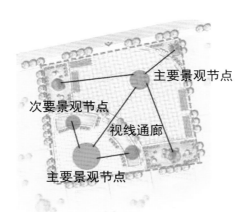

景观节点分析图

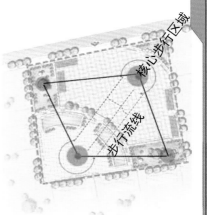

步行组织分析图

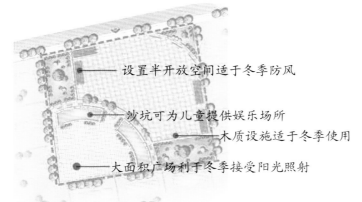

公共开放空间气候防护图

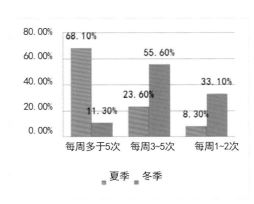

村民室外活动频率统计

鸟瞰图

● 齐齐哈尔市拜泉县上升乡公共开放空间规划

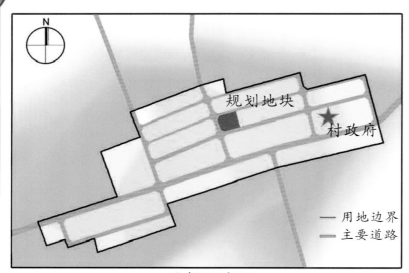

总规示意图

区位分析

中心村为上升乡乡政府所在地，上升乡隶属齐齐哈尔市拜泉县管辖，位于拜泉县境东部，西靠拜泉镇，北与克东县乾丰镇毗邻。上升乡境内丘陵起伏，地势北高南低，经济状况良好。

现状分析

规划地块位于村庄中部，东邻农宅，西靠主要干道，南北两侧亦为村内干道，因此其位置有利于村民方便到达。规划地块呈方形，现状用地性质为工业用地，对村民的生活造成一定的影响。由于村庄缺乏公共绿地，且规划对村庄工业进行迁移，因此该规划地块可作为公共绿地的选址。

周边分析图

设计构想

1. 特殊活动人群

村庄的人口年龄分布两极化，老年人和儿童是村庄公共开放空间的主要使用人群，因此，场地规划要考虑老年人和儿童的需求。

2. 健身场地

健身场地的设计考虑为村民日常休闲活动提供公共活动空间，也是村民集会交流的主要场所。

3. 休闲廊架

广场内部配建休闲廊架景观小品，除了具有良好的景观效果外，还可临时作谷物晒晾的场所。

村庄儿童活动场地现状

上升乡缺乏儿童活动专项空间，仅仅沿街设置简易儿童娱乐器材，既缺乏安全保障措施，同时其可达性较差，导致现状中乏人问津的情景。

休闲构筑物现状

上升乡是典型的严寒地区村庄，冬季恶劣的气候环境易降低室外公共开放空间的使用频率。而在现状调查中发现，上升乡并没有统筹规划室内外构筑物，使得现有冬季室外构筑物被弃用。

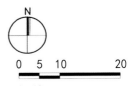

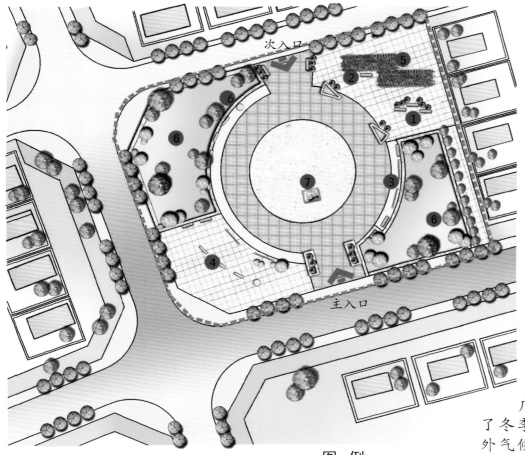

次入口

主入口

设计说明

广场东邻幼儿园及农宅庭院。

广场位于村庄中部，为村民的休闲活动提供了大面积的公共空间。同时广场多层次的绿化环境也丰富了村庄景观风貌。并为老人和儿童提供适合其进行健身活动的配套设施，设施配置也为村民的健身提供了方便。

广场的布局设计考虑了冬季寒冷地区居民对户外气候的适应性，因此局部采用半封闭的公共空间形式。广场绿化采用乡土植物，突出村庄的乡土景观特色。广场为村民提供大面积的硬质开敞空间，具有晾晒、暂时存放粮食的功能。

主要用地指标

主要用地指标		
类别	面积/m²	所占比例/%
硬质铺地	2903	76.7
绿地	880	23.3
总计	3783	100.0

图　例

① 老人休憩场地
② 儿童活动场地
③ 宣传栏
④ 健身器材
⑤ 廊架
⑥ 景观花草地
⑦ 雕塑

平面图

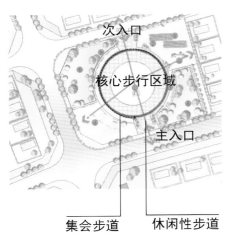

次入口

核心步行区域

主入口

集会步道　　休闲性步道

步行组织分析图

绿地区　健身运动区　集会交流区　休闲区

功能布局分析图

一级景观节点

二级景观节点　三级景观节点

景观节点分析图

● 齐齐哈尔市拜泉县永勤乡公共开放空间规划

区位分析

　　永勤乡隶属齐齐哈尔市拜泉县管辖。规划地块位于永勤乡西北部，两侧紧靠过境路。用地周围为教育机构用地和商业金融用地，缺少为此区域服务的广场。规划地块布局规整，是村民进行休闲娱乐的活动场所，也是进出村庄的"门户"和对外形象展示的景观节点。

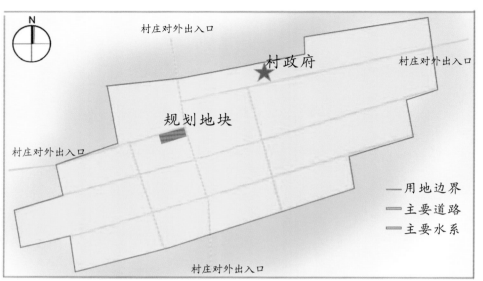

—— 用地边界
—— 主要道路
—— 主要水系

总规示意图

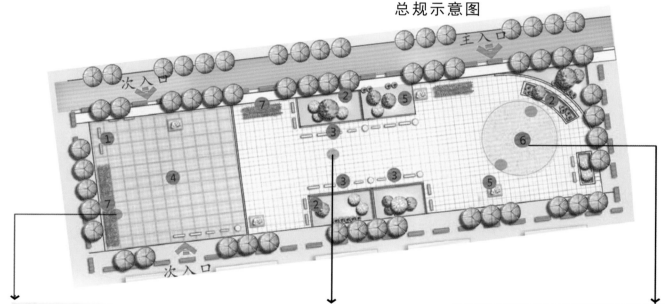

设计构想

　　1.休闲交流场地

　　广场是村民进行休闲娱乐活动和人际交往的主要公共开放空间。广场具有兼容性，在农忙季节作为农作物晾晒的场地。

　　2.体育活动场地

　　在体育活动场地内部配置单双杠、扭腰器和仰卧起坐架等健身器材，为村民健身锻炼提供方便。

　　3.儿童活动场地

　　圆形儿童活动场地为儿童提供玩耍的公共活动空间，也是村民集会交流的场所。

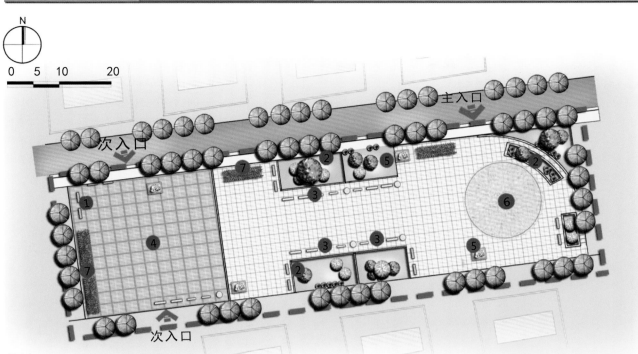

图例

① 休闲座椅　　④ 休闲活动场地　　⑦ 廊架
② 景观花草池　　⑤ 雕塑
③ 健身器械　　　⑥ 儿童活动场地

平面图

主要用地指标

主要用地指标		
类别	面积/m²	所占比例/%
硬质铺地	2 384	65.9
绿地	1 233	34.1
总计	3 617	100.0

设计说明

规划地块布局规整，分休闲交流区、体育活动区和儿童活动区三个功能分区，为村民预留了大面积公共活动空间，方便村民开展各项体育、文艺活动。

在户外空间规划设计和环境塑造上符合季节变化的特点，通过这些极富地方特色自然景观，改变以往北方村庄户外空间冬季萧条景象。户外空间树种选择以夏季遮荫通风，冬季向阳避风的常绿阔叶树为主。在迎向冬季主导风向一侧栽植常绿树作为防风屏障。

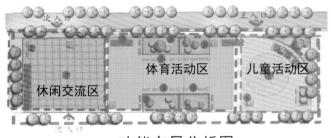

功能布局分析图

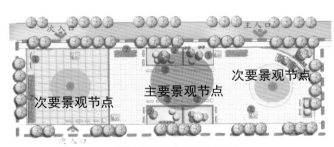

景观节点分析图

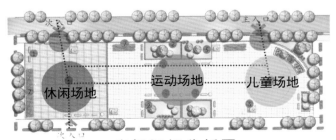

步行组织分析图

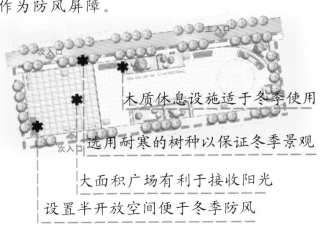

木质休息设施适于冬季使用

选用耐寒的树种以保证冬季景观

大面积广场有利于接收阳光

设置半开放空间便于冬季防风

公共空间气候防护图

哈尔滨市太平镇先富村公共开放空间规划

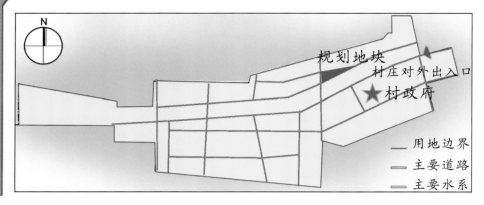

总规示意图

区位分析

　　先富村位于哈尔滨市道里区太平镇。规划地块位于先富村东北角对外出入口，一侧紧靠过境路，另一侧挨着村庄主路。用地呈三角形布局，规划将其定位为村民休闲娱乐的活动广场用地。

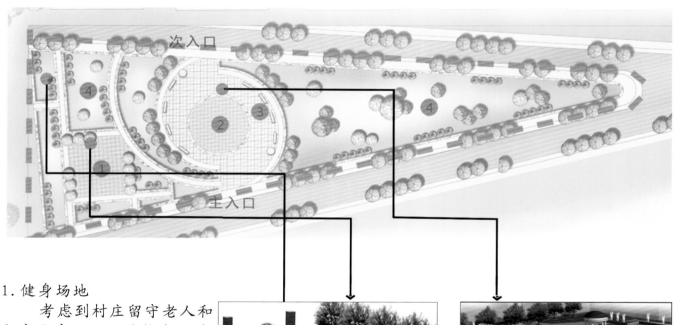

1. 健身场地

　　考虑到村庄留守老人和留守儿童人口比重较大，健身设施主要为老人和儿童服务。

2. 休闲广场

　　圆形中心广场为村民提供公共活动空间，作为村民集会交流的场所。

3. 休闲花架

　　广场一侧规划休闲花架，花架不仅有良好的景观效果，在夏季还可对炽热阳光进行一定程度的遮挡，为村民提供凉爽的空间。

设计意向图

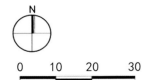

设计说明

　　规划地块位于先富村东部，临近过境公路和村庄主干路，交通便利。规划地块呈20度三角形状，规划沿道路两侧设置主、次入口。

　　规划地块规划休闲区、集会交流区和绿地三个功能分区。在规划地块中央规划圆形的中心广场，成为规划地块的景观视觉中心，同时使用不同硬质铺地材料与其他公共空间区分开来，作为晚间广场舞、集会空间使用。

　　步行组织结合规划地块形状，设计休闲性步道路线与运动性步道路线，形成分-合-分的流线布局和层次错落的景观节点。

　　景观规划充分考虑村民对公共开放空间的需求，规划层次分明的三级景观节点。在规划地块的内部，增设廊道、廊架等多种半封闭设施，在方便村民使用的同时可一定程度上削弱冬季寒风对公共空间使用者的不利影响。

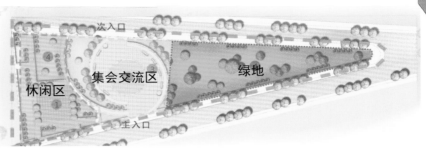

功能布局分析图

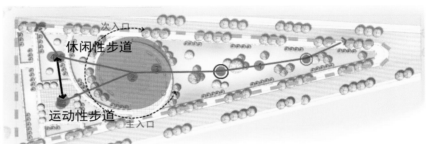

步行组织分析图

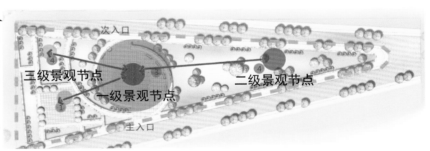

景观节点分析图

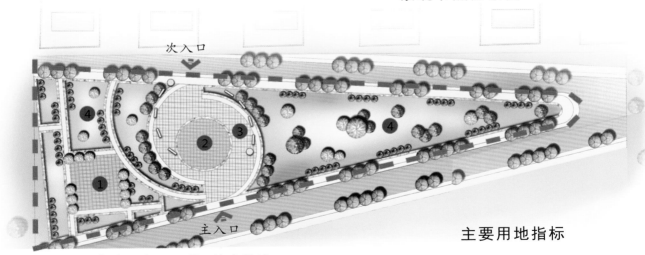

图例　❶ 老人休憩场地　❸ 健身器械
　　　❷ 休闲活动场地　❹ 景观花草池

平面图

主要用地指标

主要用地指标		
类别	面积/m²	所占比例/%
硬质铺地	868	32.8
绿地	1 645	67.2
总计	2 513	100.0

哈尔滨市巴彦县松花江乡公共开放空间规划

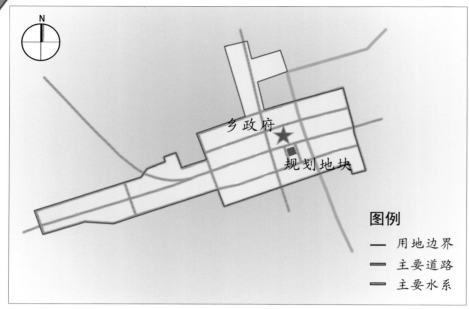

总规示意图

区位分析

　　松花江乡位于巴彦县西南部，南临松花江与宾县隔江相望，西依少陵河与呼兰接壤，北靠哈肇公路，乡政府驻地距县城6公里，区位条件良好。

　　松花江乡属中温带大陆性季风气候，四季分明，温差较大。全乡经济来源主要为农业。

	住宅密集，缺少活动空间	公共绿地面积过少	绿化景观欠缺	缺乏健身场地	休闲活动广场严重缺乏	公共服务设施分布不合理	冬季室外空间不适宜活动
王某	✓	✓	✓				✓
刘某某				✓	✓		✓
向某某	✓	✓	✓			✓	✓
朱某		✓	✓		✓		✓
姜某某	✓	✓		✓	✓		✓
孙某	✓	✓		✓		✓	
周某	✓	✓	✓		✓	✓	✓
吴某某	✓		✓		✓		✓
李某		✓			✓		✓
于某		✓			✓	✓	✓
金某某	✓			✓	✓		✓
刘某	✓	✓	✓	✓	✓		✓

现有公共空间设施调查

调研分析

　　就松花江乡公共开放空间现状情况，随机访谈多名村民，公共空间的现状问题主要表现在：公共绿地过少、休闲活动场地缺乏和冬季室外空间不宜活动。

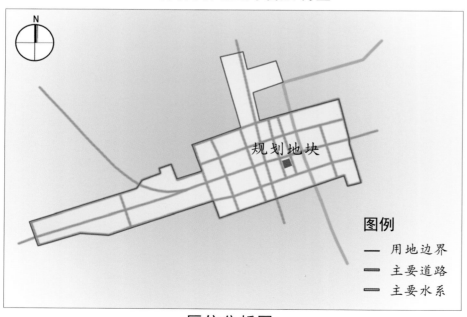

区位分析图

现状分析

　　村庄现状多为高密度的居住用地，严重缺乏绿地，且缺少公共活动空间。

　　严寒地区村庄的气候特征使居民冬季的户外活动受到了极大的限制，应加强公共开放空间的设计，为居民提供方便的户外活动场所，以提高严寒地区村庄的宜居性。

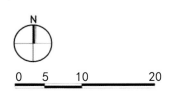

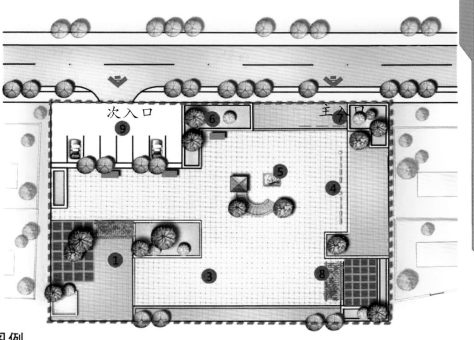

主要用地指标

主要用地指标		
类别	面积/m²	所占比例/%
硬质铺地	1 367	55.4
绿地	753	27.4
水域	443	17.2
总计	2 557	100.0

设计说明

　　本方案突出以人为本的设计原则，合理进行功能布局，沿乡镇道路布置小型社会停车场，靠近东侧农宅方向布置健身设施，方便乡镇居民使用，为居民日常休闲活动提供场地。

图例

① 儿童活动场地　　④ 健身器械　　⑦ 公共宣传栏
② 老人休憩场地　　⑤ 雕塑　　　　⑧ 廊架
③ 休闲活动场地　　⑥ 景观花草池　⑨ 停车场

平面图

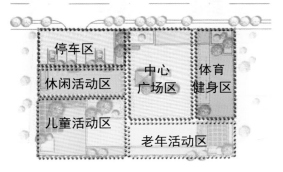

功能布局分析图

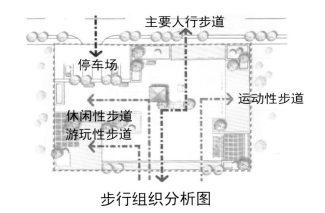

步行组织分析图

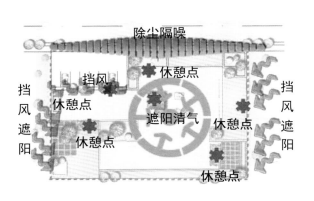

微气候环境分析图

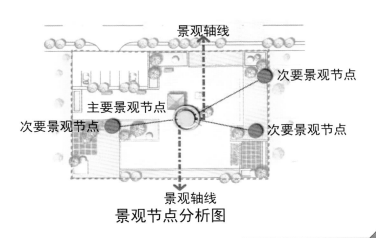

景观节点分析图

长春市齐家镇永安村公共开放空间规划

N

0 10 20 50

图例

1 景观亭
2 景观花草池
3 廊架
4 休闲座椅
5 散步道
6 健身器械
7 林荫步道

主入口

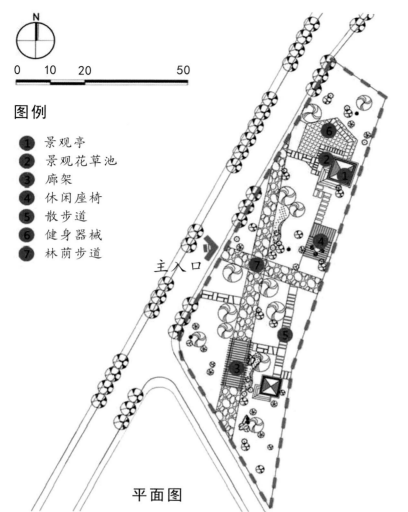

平面图

设计说明

规划地块位于永安村行政和教育中心区域，与学校隔路相望。规划地块既为村政府和学校提供绿化景观，也为附近村民提供休闲活动场所。

广场采用硬质铺装，通过自由的林荫步道与规划地块内的体育活动区、景观特色区紧密联系。南北两侧的凉亭为村民提供休息场所。大面积的绿地与树木遮荫调节了微气候，其中乔木和灌木的配植既考虑地方特色，也兼顾四季时节变化。整体设计突出了景观的多样性和连续性。

主要用地指标

主要用地指标		
类别	面积/m²	所占比例/%
硬质铺地	1 877	45.8
绿地	2 216	54.2
总计	4 093	100.0

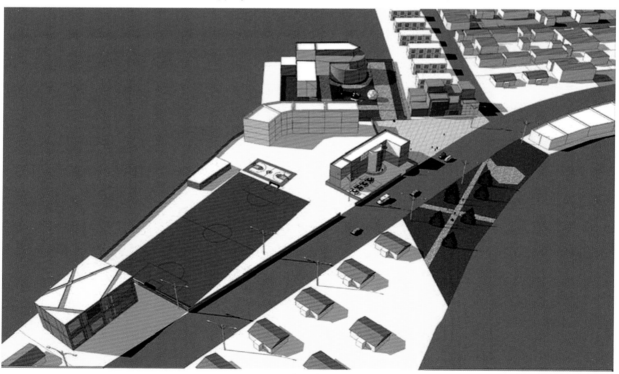

鸟瞰图

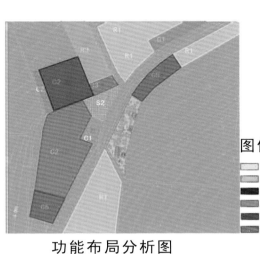

功能布局分析图

图例
- 一类居住用地
- 三类居住用地
- 服务设施用地
- 公园防护绿地
- 医疗卫生用地
- 中小学用地

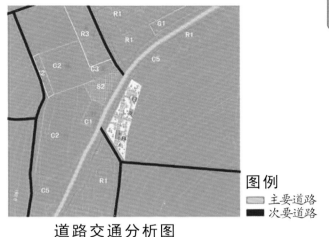

道路交通分析图

图例
- 主要道路
- 次要道路

安全设施分析图

室外平台 防护围栏
软质场地 保证幼儿安全
少儿游戏场地
活动广场 设施防护
绿地公园 可亲近植物
运动场地 开放空间

图例
- 安全设施分布

景观视线分析图

托幼 防止对活动场地的一切遮挡
公园绿地
视线的通畅 空间的开敞
小学 少年儿童视线较低

图例
- 较低视点
  学校、幼托分布

公共空间气候防护说明

　　严寒地区的村庄公共开放空间通常缺乏外边界围合（建筑围合或植被围合），因此易受到冬季季风气候的影响，导致使用效率极低。在设计中，采用多种设计手法加强冬季的气候防护性，提升冬季公共开放空间的使用效率。总体设计呈现大面积的硬质广场，有利于冬季接受阳光，适于村民冬季的生活习惯。此外，采用植物围合抵御寒风侵袭，广场采用防滑材质和木质设施，便于村民在冬季使用。

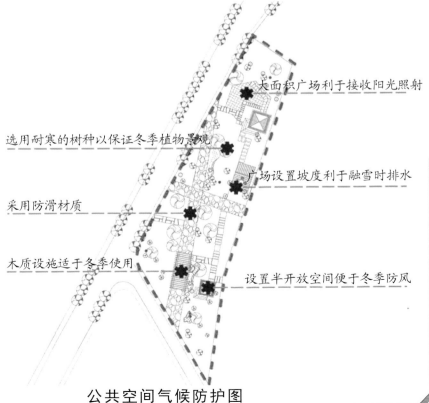

大面积广场利于接收阳光照射
选用耐寒的树种以保证冬季植物景观
广场设置坡度利于融雪时排水
采用防滑材质
木质设施适于冬季使用
设置半开放空间便于冬季防风

公共空间气候防护图

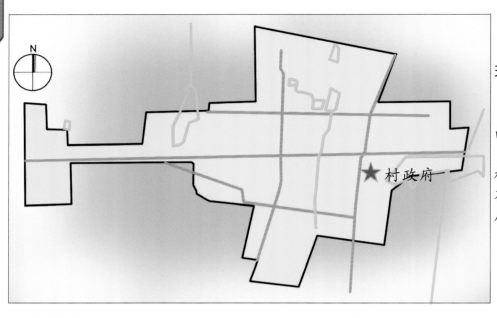

现状分析

　　齐家镇永安村幅员面积92平方公里。

　　齐家镇永安村地处松嫩平原南端，属于松花江和拉林河的冲积平原，平均海拔165米。

——用地边界　　■■■主要道路　　■■■主要水系

区位分析图

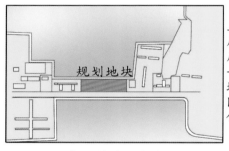

规划地块

地块一周围主要为生产设施用地及教育机构用地，周围缺少一个可以为此区域服务的广场，因此选用此地块作为广场用地。

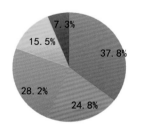

规划地块

地块二位于居住用地内，被农宅所围绕，东侧有一条河流经过。

规划地块一选址

规划地块二选址

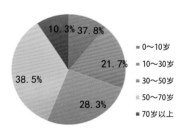

7.3%
15.5%
37.8%
28.2%
24.8%

■0~10岁
■10~30岁
■30~50岁
■50~70岁
■70岁以上

调查发现规划地块一附近由于教育用地的存在，使儿童所占比例远远大于其他人群，因此将其定位为儿童广场用地。

10.3% 37.8%
21.7%
38.5%
28.3%

■0~10岁
■10~30岁
■30~50岁
■50~70岁
■70岁以上

调查发现地规划块二周围以村民农宅为主，人口分布较为均匀，其中以成年人为主，因此将其定位为休闲活动广场。

规划地块一500米范围内不同年龄段居民所占比例调查

规划地块二500米范围内不同年龄段居民所占比例调查

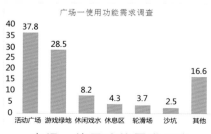

广场一使用功能需求调查

40
35
30
25
20
15
10
5
0

37.8
28.5
8.2
4.3 3.7 2.5
16.6

活动广场　游戏绿地　休闲戏水　休息区　轮滑场　沙坑　其他

通过对规划地块一附近的人群调查发现，对于儿童对广场的功能需求以休闲活动和儿童游戏为主。

广场一使用功能需求调查

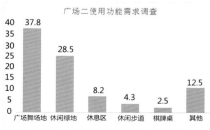

广场二使用功能需求调查

40
35
30
25
20
15
10
5
0

37.8
28.5
8.2
4.3 2.5
12.5

广场舞场地　休闲绿地　休息区　休闲步道　棋牌桌　其他

通过对规划地块二附近的人群调查发现，对于此广场的功能需求以晚间的广场舞和日常休闲活动为主。

广场二使用功能需求调查

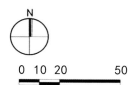

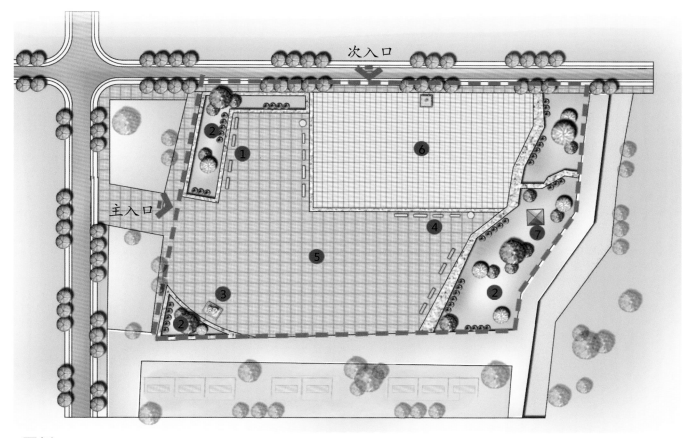

次入口

主入口

① ②

③ ② ⑤

④ ⑥ ⑦ ②

图例

① 休闲座椅 ③ 雕塑 ⑤ 儿童活动场地 ⑦ 景观亭
② 景观花草池 ④ 健身器械 ⑥ 休闲活动场地

平面图一

主要用地指标

主要用地指标		
类别	面积/m²	所占比例/%
硬质铺地	2 603	68.8
绿地	1 180	31.2
总计	3 783	100.0

设计说明

　　规划地块作为村庄的中心广场，应能够兼容村民的不同需求。为满足村民的需求，将广场主要分为两大区域：一是位于中央的中心广场，为附近村民提供足够大的空间活动；二是位于东北角的中心绿地，与景色优美的河湖相毗邻，为村民提供了一个休闲散心、呼吸新鲜空气、观赏美景的场所。

休闲区
绿地
体育活动区

功能布局分析图一

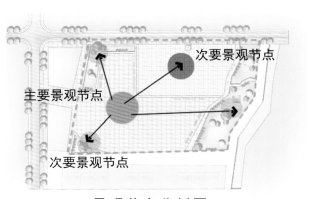

主要景观节点
次要景观节点
次要景观节点

景观节点分析图一

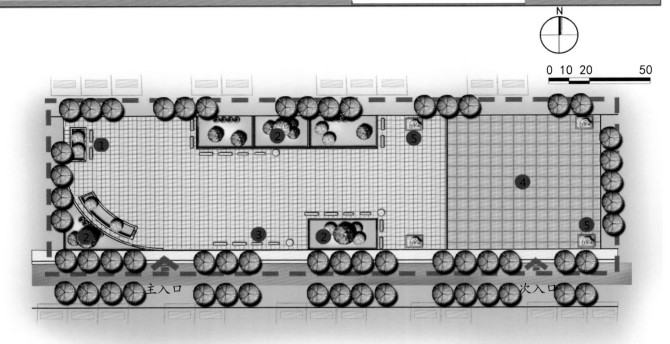

N

0 10 20   50

图例

- ① 休闲座椅
- ② 景观花草池
- ③ 健身器械
- ④ 休闲活动场地
- ⑤ 雕塑

平面图二

主要用地指标

主要用地指标		
类别	面积/m²	所占比例/%
硬质铺地	3 013	68.2
绿地	1 408	31.8
总计	4 421	100.0

设计说明

规划地块为村民预留了大面积的公共活动空间，方便村民开展体育活动、休闲活动及文艺活动等。村庄公共开放空间可满足村民不同的使用需求，如集会交流、休闲运动和谷物晒晒等。

为了降低冬季恶劣气候带来的不利影响，规划地块内部通过统筹规划室内外空间，建立半封闭廊道等方式，达到冬季防风避雪的效果。

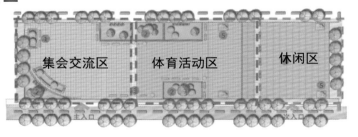

功能布局分析图二

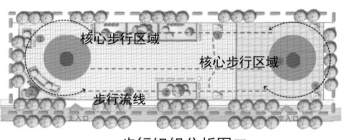

步行组织分析图二

设计意向图

公共开放空间设计充分考虑到冬季气候防护性，采用全围合的界面形式，提升村民在空间中活动的舒适性。

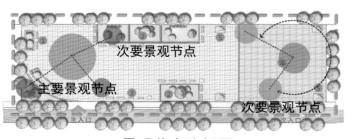

景观节点分析图二

■ 辽源市东辽县金州乡公共开放空间规划

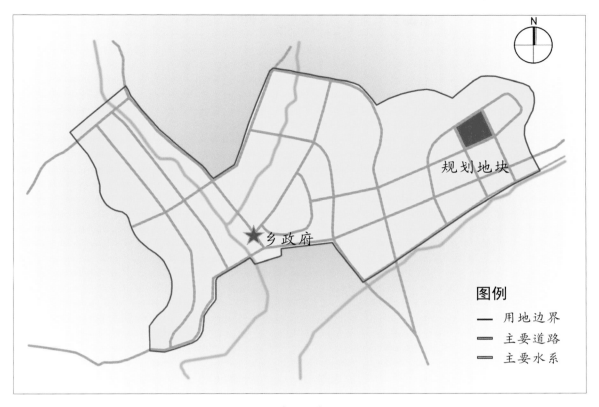

总规示意图

区位分析

　　东辽县位于吉林省中南部，地处长白山余脉与松辽平原过渡地带，属于低山丘陵区，东辽河发源于境内。

　　金州乡位于东辽县东北部，距县城53公里，乡政府坐落在位于金满水库上游的金州村。全乡年平均气温低，无霜期短，属于半湿润中温带大陆性气候区。金州乡地势较高，属于偏远山乡，主要经济来源为农业，人民生活水平较低。

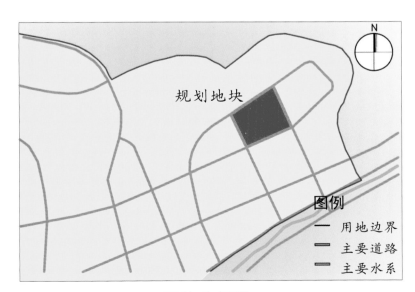

区位分析图

现状分析

　　规划地块位于金州乡核心景观风貌区附近，交通便捷，区位条件良好。

　　规划地块现状缺乏集中的硬质广场空间，不能满足村民进行公共活动的需求。缺少必要的配套设施，如廊架、凉亭等。植物配植简单，规划地块整体景观性较差。

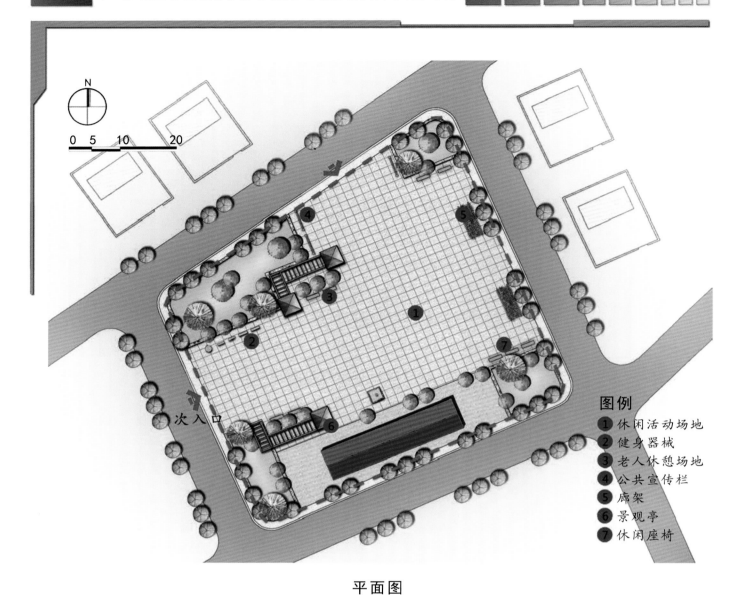

平面图

图例

① 休闲活动场地
② 健身器械
③ 老人休憩场地
④ 公共宣传栏
⑤ 廊架
⑥ 景观亭
⑦ 休闲座椅

主要用地指标

主要用地指标		
类别	面积/m²	所占比例/%
硬质铺地	6 836	62.1
绿地	4 172	37.9
总计	11 008	100.0

设计说明

设置大面积集中的硬质广场空间，方便村民进行集会、文艺等各种活动。从时节角度出发，方案兼顾村民不同时期的使用需求，如生产需求、谷物晾晒需求等。设置廊架、凉亭等设施以便冬季能防风避雪，方便村民使用。在绿化上，注重植被的多样性和耐寒性，保证冬季景观。

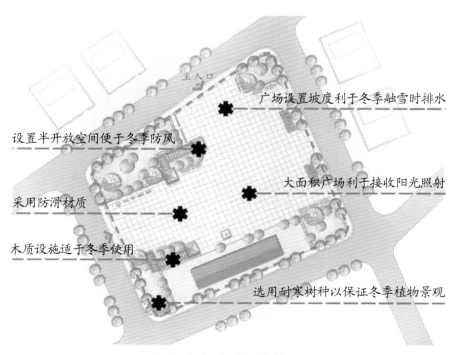

广场设置坡度利于冬季融雪时排水

设置半开放空间便于冬季防风

大面积广场利于接收阳光照射

采用防滑材质

木质设施适于冬季使用

选用耐寒树种以保证冬季植物景观

公共空间气候防护图

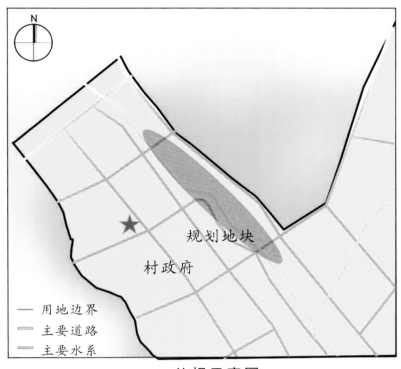

总规示意图

区位分析

规划地块位于金州乡西侧边缘地区，沿着贯穿全乡的水系形成带状绿地。规划地块交通条件便利，经济发展较好，周边为商业区与密集的农宅。往来人流较多，因此规划地块内的硬质活动广场与景观绿化的设计具有十分重要的作用。

设计上考虑了附近村民的生产活动需求与休闲活动的需要，大面积的硬质铺地作为谷物晾晒场地，并且满足村民在冬季时避风与阳光照射需要，同时兼作集会与农贸活动的临时场地。

设计意向图

村庄公共开放空间结合自然水景与村民活动空间融为一体，同时加强界面围合性，提升活动的安全性。

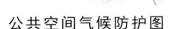

设置长廊、凉亭以考虑冬季避风

采用防滑材质

选用乡土树种以保证冬季植物景观

大面积广场利于接收阳光照射

广场设置坡度以利于冬季雪融时排水

木质设施适于冬季使用

公共空间气候防护图

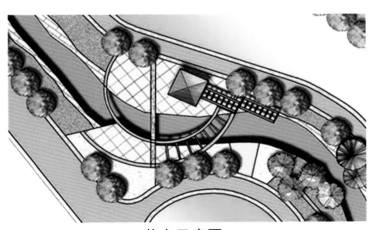

节点示意图

设计说明

滨水带状绿地在水道蜿蜒处规划中心广场，并以半环形的休闲栈道连接水岸两侧，形成水上观景空间以及两岸的联系通道。廊亭相互连接，可以遮荫挡雨，提供休息空间。

同时还设计健身与儿童游戏场地，以丰富广场空间，促进村民交流。

主要用地指标

主要用地指标		
类别	面积/m²	所占比例/%
硬质铺地	301	12.3
绿地	1189	48.4
水域	955	39.3
总计	2455	100.0

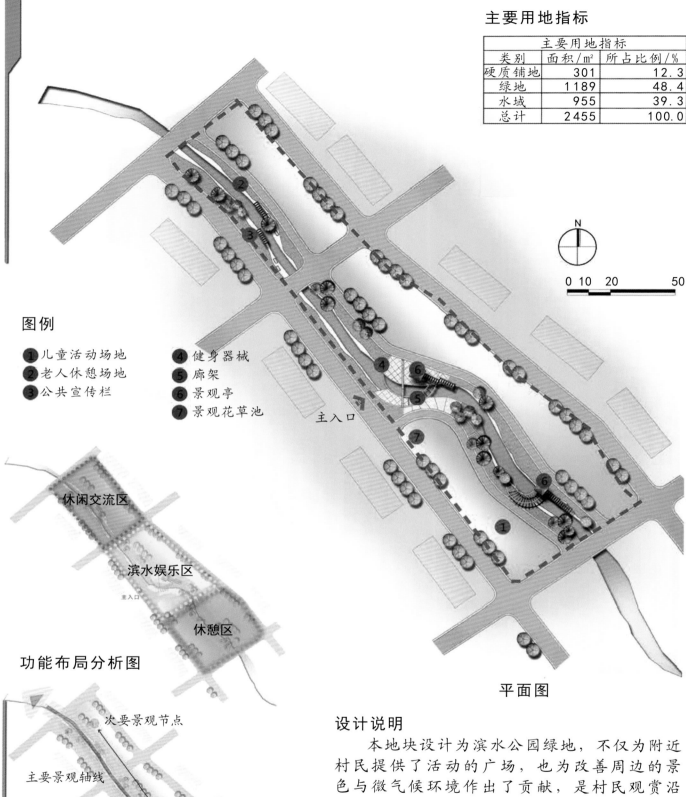

图例

● 1 儿童活动场地
● 2 老人休憩场地
● 3 公共宣传栏
● 4 健身器械
● 5 廊架
● 6 景观亭
● 7 景观花草池

主入口

休闲交流区

滨水娱乐区

休憩区

主入口

功能布局分析图

次要景观节点

主要景观轴线

主要景观节点

主入口

次要景观节点

次要景观节点

景观节点分析图

平面图

设计说明

本地块设计为滨水公园绿地，不仅为附近村民提供了活动的广场，也为改善周边的景色与微气候环境作出了贡献，是村民观赏沿湖风光、休闲健身的最佳地点。

沿着蜿蜒延伸的水岸，散步道与水景广场相互连接，方便两岸村民的集会活动。景观长廊与凉亭的结合则为村民提供了遮风避雨的休息空间。栈道的设计有利于两岸村民的相互联系，丰富了公共开放空间的层次性。

■ 康平县郝官屯镇钱家屯村公共开放空间规划

总规示意图

用地边界
主要道路

区位分析

康平县郝官屯镇钱家屯村位于沈阳市城区北侧，距沈阳市北环线（二环）约140公里，距康平县城约22公里，距郝官屯镇12公里。

村域所辖约21平方公里，地势平坦，整体略呈北高南低，地下水较丰富，农业经济发展居于全县之首。

现状分析

规划地块位于村庄的中北部，北部紧邻四条路交叉的十字路口，其余两侧亦靠近村庄干道。地块呈不规则形状，不适合作为建设用地使用，且由于村庄缺乏公共绿地及公共活动空间，因此该规划地块成为村庄广场的最佳选址。

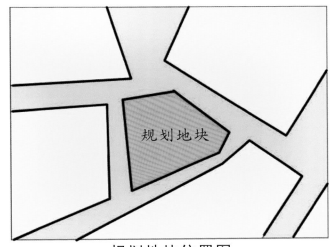

规划地块位置图

设计构想

1.无障碍设计

广场充分考虑无障碍设计，主要采用了台阶与坡道相结合的方式，便于残疾人使用。广场内部路径以防滑功能为主，可以提升村民在冬季行走的安全性。

2.绿化防护

广场四周以栽种绿植作为主要的防护手段。以乔木、灌木及草本植物的合理配植在夏季起到遮阳降温的作用，在冬季起到防风避雪的作用，同时调节广场内部的微气候环境。

景观构筑物（现状）

植被种类（现状）

周边建设情况（现状）

基础设施（现状）

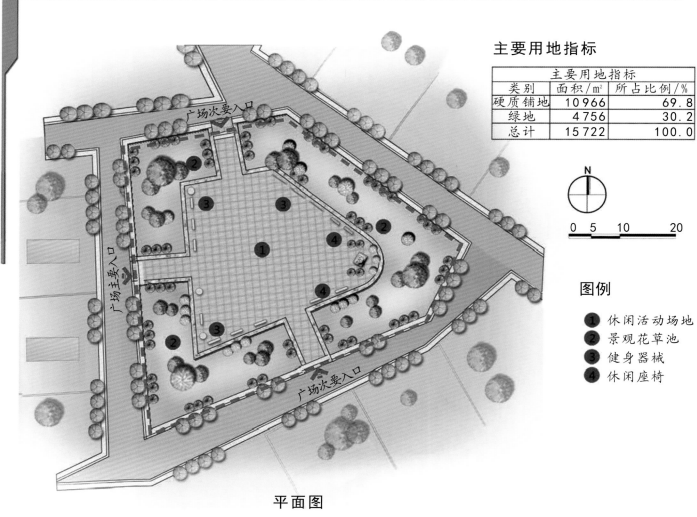

主要用地指标

主要用地指标		
类别	面积/m²	所占比例/%
硬质铺地	10 966	69.8
绿地	4 756	30.2
总计	15 722	100.0

图例

1 休闲活动场地
2 景观花草池
3 健身器械
4 休闲座椅

平面图

设计说明

由于规划地块邻近医院，因而不但要考虑村民的使用，亦要为患者提供休养空间。地面的铺装以及防护主要采用木质材质。

广场的公共空间设计充分考虑了不同人群的使用方式，将其分为开放空间、半开放空间以及私密性空间。这样不仅可以促进使用者之间的交流，而且还为使用者提供私人的交往空间，不但丰富了村民的休闲生活，也兼顾患者疗养功能。

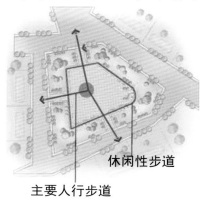

休闲性步道
主要人行步道

步行组织分析图

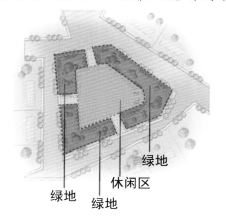

绿地
休闲区
绿地
绿地

功能布局分析图

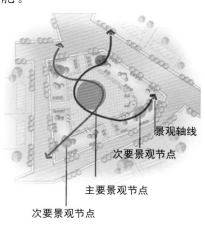

景观轴线
次要景观节点
主要景观节点
次要景观节点

景观节点分析图

严寒地区村庄原有公共开放空间整改规划
海林市新安镇西安村公共开放空间整改

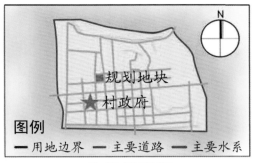

总规示意图

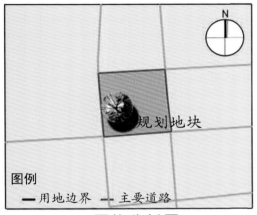

区位分析图

古树现状图

现状分析

西安村隶属于海林市新安镇，是一个朝鲜民族村。2006年被评为新农村建设省级示范村。

村内缺乏公共活动空间，村民日常户外活动的需求无法满足。村庄西部有一棵200余年的古榆树，被称为"百年古树"。古树周边环境较差，这点大大影响了古树的景观价值。

现状存在问题

古树两侧紧邻村级道路，分别对应白桦林和农宅，仅南侧设置硬质铺地，限制了古树的观赏视线和空间，活动场地不足，无法满足村民休闲活动需求。

古树作为保护树木，被铁链和栏板围合，设计手法较为陈旧。周围木质座椅的利用率低。

实际使用需求

古树姿态优美，宜作为西安村标志性的特色景观。

古树周边场地结合规划地块内西部广场，作为村民春夏乘凉、秋冬观赏的休闲娱乐场所。

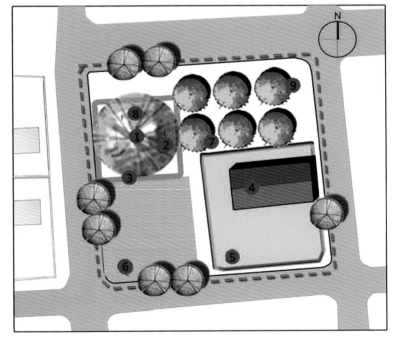

图例
① 古树　　④ 民居　　⑦ 侧柏
② 木质板凳　⑤ 院落　　⑧ 铁链
③ 隔栏　　⑥ 硬质铺地　⑨ 遮荫树

现状平面图

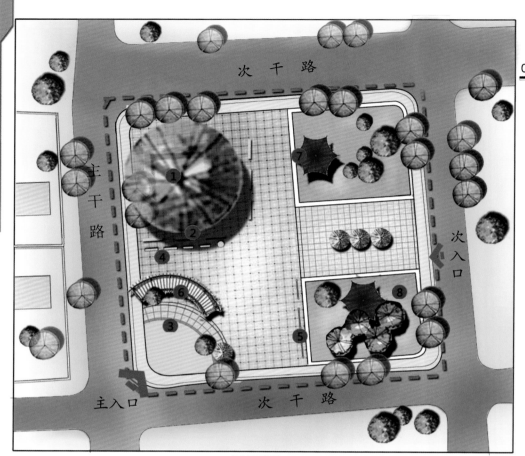

N

0 5 10 20

次干路

主干路

主入口   次干路

次入口

图例

① 古树
② 老人休憩场地
③ 休闲活动场地
④ 健身器械
⑤ 公共宣传栏
⑥ 廊架
⑦ 景观亭
⑧ 景观花草池

平面图

主要用地指标

主要用地指标		
类别	面积/m²	所占比例/%
硬质铺地	607	62.6
绿地	362	37.4
总计	969	100.0

设计说明

　　设计围绕规划地块内古树，增加周边植物配植，形成多样化的乡村植被景观；并在西南侧规划小型广场，在视线和空间结构上加强古树特色景观与周边环境的联系。

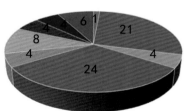

- 榕树
- 侧柏
- 白桦
- 连翘
- 槭树
- 丁香
- 木绣球
- 红端木
- 榆叶梅

植物数量统计

古树周边设施布置图

树种	保留	移走	移植	新栽	合计
榕树	1	0	0	0	1
侧柏	25	8	4	0	21
白桦	4	2	0	0	4
连翘	0	0	0	24	24
槭树	0	0	0	4	4
丁香	0	0	0	8	8
木绣球	0	0	0	4	4
红端木	0	0	4	4	4
榆叶梅	0	0	0	6	6

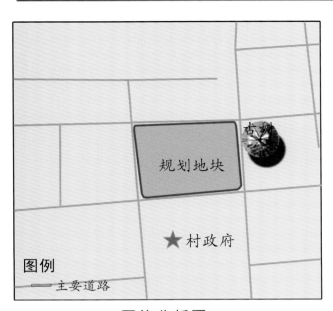

区位分析图

区位分析

规划地块为西安村休闲广场，位于村庄西面。东北面与古树相邻，西北面为废弃的工厂和学校，南面与村委会相对，西面和东面与农宅相邻。

根据现场调研观察，目前的广场使用频率较低，缺少与广场北部的园林路径的联系。

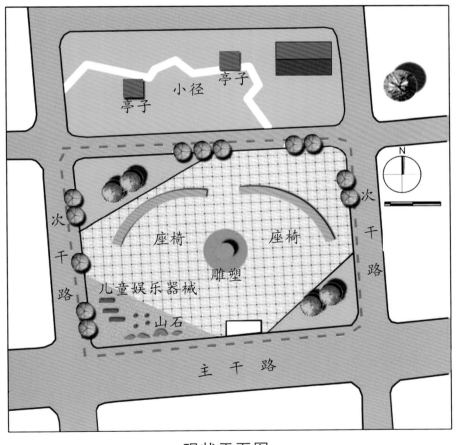

现状平面图

广场硬质铺地

儿童沙场

广场中心雕塑

现状照片

可利用的积极因素
1. 广场西南向的下沉沙池布置得当，予以保留。
2. 广场与北向自然形成的"小园林"结合，保留其内部路径，共同营造北向自然南向人工的格局。

现状问题解析
1. 广场追求形式，尺度过大，实用性较差。
2. 座椅形式呆板，没有呼应周边设施。
3. 广场内部硬质铺地过多，缺少绿化。
4. 广场缺少对寒地避风防寒等特殊性的考虑。

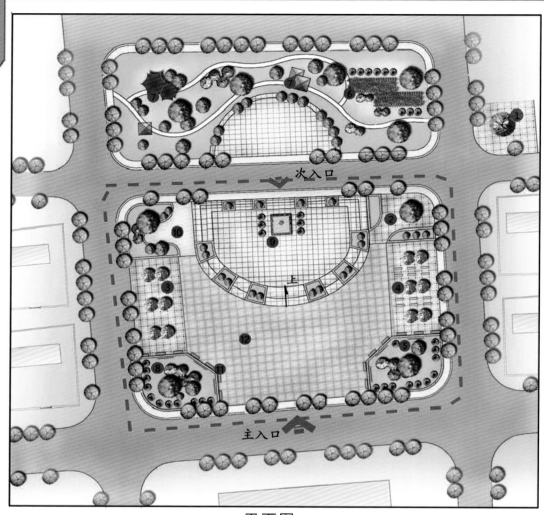

平面图

图例

1 古树
2 老人休憩场地
3 停车场地
4 健身器械
5 公共宣传栏
6 廊架
7 景观亭
8 景观花草池
9 旗杆
10 沙坑
11 休闲座椅
12 休闲活动场地

主要用地指标

主要用地指标		
类别	面积/m²	所占比例/%
硬质铺地	2529	76.2
绿地	530	15.9
停车场	261	7.9
总计	3320	100.0

设计说明

　　设计结合场地周边环境进行功能布置，结合南部村委会，设计集会和文化宣传空间，进行对称式布局，北部结合学校和古树分布布置儿童活动场地和老年活动场地；对北部小游园充分利用，设计成特色迷你植物园；在乔灌木搭配、季相景观配植上，体现严寒地区特色，共同构成村落内部的开放空间。

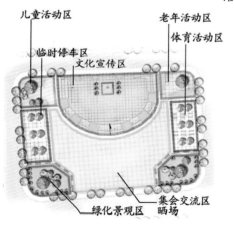

功能布局分析图

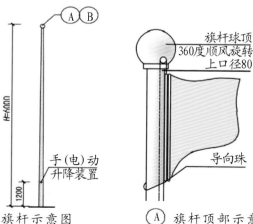

旗杆构造图

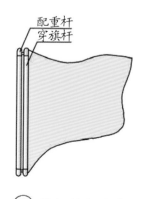

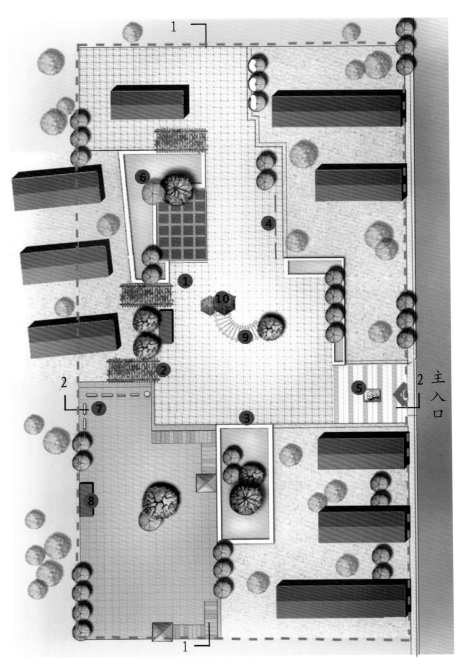

平面图

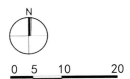

图例

① 儿童活动场地
② 老人休憩场地
③ 休闲活动场地
④ 公共宣传栏
⑤ 雕塑
⑥ 景观花草池
⑦ 健身器械
⑧ 休闲座椅
⑨ 廊架
⑩ 景观亭

主要用地指标

主要用地指标		
类别	面积/m²	所占比例/%
硬质铺地	4 360	35.2
绿地	2 616	21.4
其他	5 440	43.4
总计	12 426	100.0

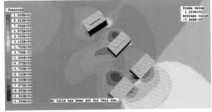

风环境模拟图

设计说明

　　村庄中心的活动广场作为重要的公共开放空间，是农户日常休闲活动的主要场所。广场整改立足于广场的景观空间，通过自然条件的改善、人文环境的设立等多元素交织，实现广场的合理规划，构建出一个内蕴丰富的多层次交往空间和休憩场所，达到空间的开放性与可达性，满足农户日常不同的使用需求。

　　规划中利用规划地块内原有建筑，形成冬季挡风屏障，改善局部微气候，有效地起到气候防护的作用，有益于村民在冬季进行室外活动。

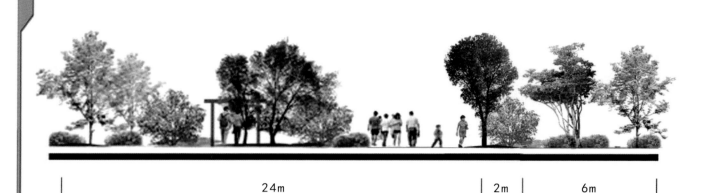

24m 2m 6m

1-1剖面图

4m 16m 6m

2-2剖面图

植被分布说明

村庄中心广场是村民活动的集中地点，植物配植及景观设计体现了严寒地区特色。活动广场最大限度地满足了村民日常休闲生活的需要，同时也改善了村庄的微气候环境。

规划地块内部种植适应寒地气候的常绿乔木与灌木，疏密适当，高低错落，形成一定的层次感，花卉以多年生植物为主，以保证景观的持续性。

规划地块的植被在夏季能够起到良好的遮阴的效果，在冬季起到挡风避雪的作用。在规划地块内部设置花架与凉亭等木质设施，为村民提供富有活力的、有地方特色的公共开放空间。

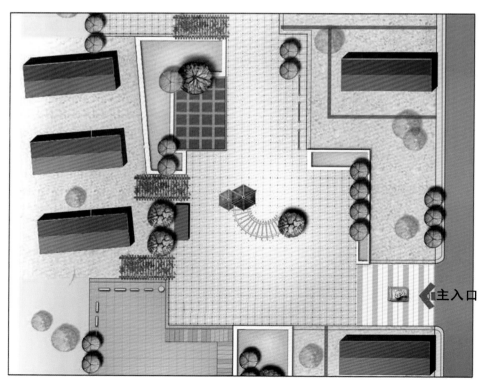

主入口

节点放大图

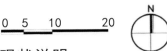

■本溪市华来镇桦尖子村公共开放空间整改

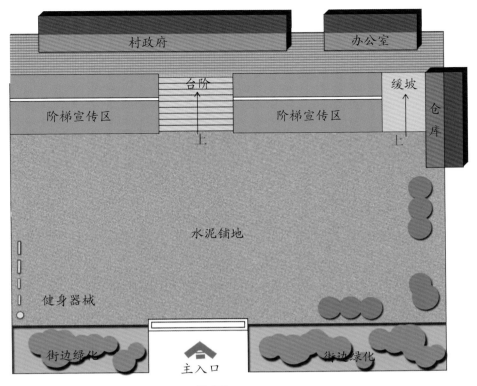

0 5 10 20

现状说明

规划地块与村政府紧邻。受地形的影响，村政府地面与广场地面高差为1.5米，二者由阶梯宣传区过渡，其中靠西一侧设置台阶，邻东一侧设置缓坡。村政府广场为水泥铺地，西南角布置健身设施，东南角分布几株大树。

现状调研结果及分析

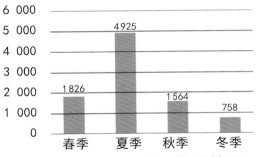

广场季节性村民使用情况

春季：虽然气候较好，但由于春播较忙，白天人数较少，多为周末的儿童。
夏季：天气较好，使用人数最多，由于广场缺少必要的遮阳设施，多为晚上闲聊乘凉。
秋季：天气凉爽，但农忙时节使用人数较少，广场被部分村民作晒场使用。
冬季：气候严寒，室外活动较少。

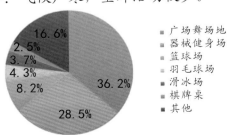

■广场舞场地
■器械健身场地
■篮球场
■羽毛球场
■滑冰场
■棋牌桌
■其他

广场使用功能意愿调查

现状图

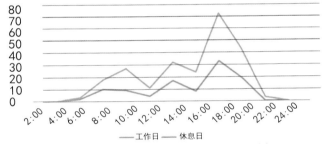

6月份不同时刻广场使用人数情况

以气温适宜的6月份为例，由于农村主要从事农业生产活动，工作时间自由，因此在工作日和休息日不同时刻对广场的使用波动情况较一致，休息日的使用人群主要为周末放假的学生。

通过对本村人群的问卷调查，统计出广场最适宜的使用功能。其中对夏季广场舞的呼声最高，为36.2%，主要为40~60岁左右的女性；其次是对健身器械的诉求，高达28.5%，主要来自40~60岁的男性和部分不擅长跳广场舞的女性。因此，这两项活动功能将在接下来的规划设计中作为主要功能使用。10~20岁青少年对篮球场和羽毛球场具有较多诉求，而10岁以下儿童希望能有冬季滑冰的场所。

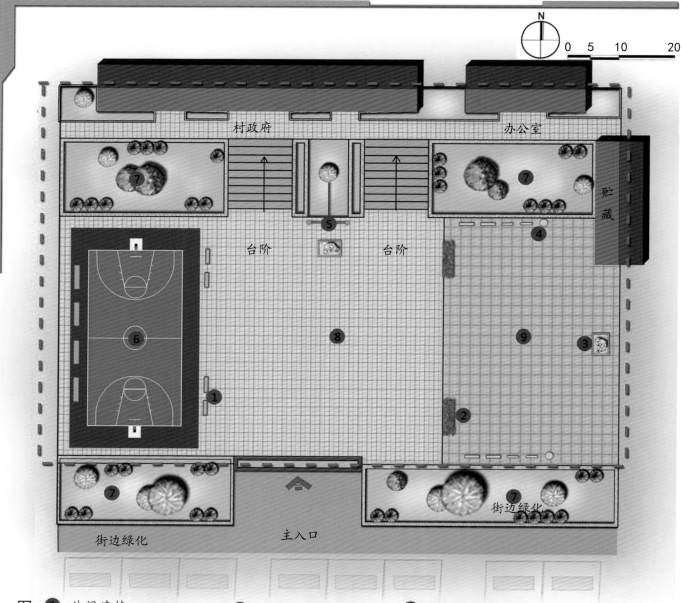

村政府　　　　　　　　　　办公室

贮藏

台阶　　　　台阶

街边绿化　　　　主入口　　　　街边绿化

图例
① 休闲座椅　　④ 健身器械　　⑦ 景观花草池
② 廊架　　　　⑤ 公共宣传栏　⑧ 休闲活动场地
③ 雕塑　　　　⑥ 篮球场　　　⑨ 儿童活动场地

平面图

入口设计

　　新规划的入口空间改变现状中呆板的设计，采用树阵对植的方式营造规整而又丰富的入口空间，吸引村民在此活动。

主要用地指标

主要用地指标		
类别	面积/m²	所占比例/%
硬质铺地	3 129	70.7
绿地	1 075	24.3
其他	209	5.0
总计	4 423	100.0

入口意向图

篮球场意向图

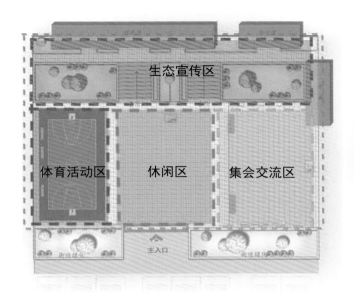

功能布局分析图

　　村政府广场主要分为四个功能区：生态宣传区，利用植被形成宣传标语或地方标识；体育活动区，布置篮球场和健身设施等，给予村民体育运动的空间；休闲区，村民日常活动的重要空间，如聊天、晒太阳等；集会交流区，村政府聚集村民发布讯息的场地。

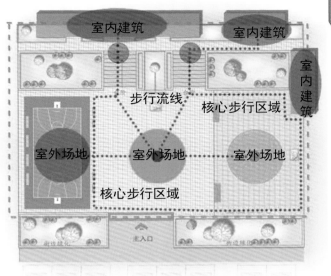

步行组织分析图

　　通过统筹规划村政府室内与室外空间，形成完整的步行组织系统。围绕广场的休闲区与集会交流区形成核心步行区域，是广场人流聚集的主要场所。不同的广场功能区分别形成步行组织的节点，在保证步行流线通畅的同时，增加了村民行走的趣味性。

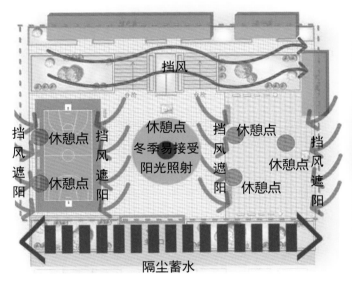

微气候环境分析图

　　广场内部地形高差自然形成挡风屏障，在夏季起到挡风遮阳的效果，在冬季能够遮风避雪。在冬季，休闲区大面积、无遮挡的硬质铺装易吸收阳光照射，提升局域温度，优化微气候环境。绿植外界面能够隔离道路灰尘与车辆噪音，同时调节夏季炎热的气候环境。

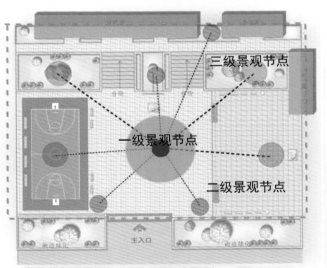

景观节点分析图

　　广场以中心休闲区为景观中心，即一级景观节点，并以周边的篮球场、生态宣传栏等主要景观节点形成二级景观节点，广场内部的雕塑、升旗台等观赏、活动区域作为三级景观节点。广场由这三级景观节点形成相对完整的景观系统。

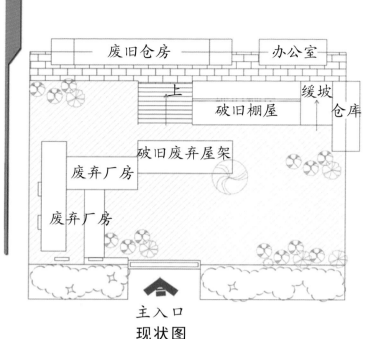

现状图

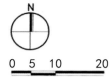

N

0 5 10 20

现状分析

规划地块原为村中一处废弃的工厂所在地，原有厂房已经破旧不堪，部分厂房坍塌只余屋架，但一些仓房与办公楼保存的比较完整。

工厂位于村中公共活动较集中的地区，室外原有大面积的硬质铺地，地势较为平整。厂区内原有植被因长时间缺乏维护，景观效果较差，亟待改建与修整养护。

设计说明

因该地段良好的位置与便利的交通，将废弃工厂改造为村集贸市场，方便居民生活，也为居民提供室外活动空间。

将破损严重的厂房进行拆除，其余经翻新改建为集贸市场售卖区。仓库与办公楼经改造后保留，作为集贸市场的仓库与办公管理用房。原有广场经重新规划，改为公共活动区和室外展销区。增加一定面积的绿化，以改善市场的环境。考虑到寒地的气候特点，增加廊架等设施，冬季防风挡雪，方便居民的使用。

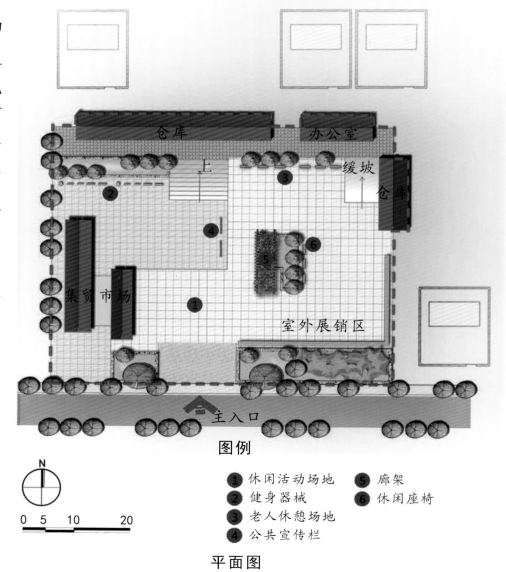

图例

① 休闲活动场地　⑤ 廊架
② 健身器械　　　⑥ 休闲座椅
③ 老人休憩场地
④ 公共宣传栏

N

0 5 10 20

平面图

开原市庆云镇老虎头村公共开放空间整改

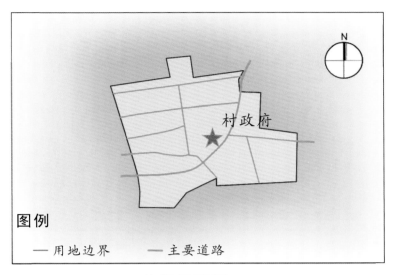

图例

— 用地边界　　— 主要道路

总规示意图

现状分析

　　老虎头村位于开原市青云镇西南部。该村土地平坦，土质肥沃，水源充足，是锡伯族民俗村。

　　村内以农宅为主，缺乏开放空间，难以满足村民日常的户外休闲活动。

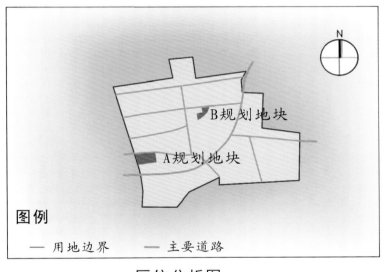

B规划地块

A规划地块

图例

— 用地边界　　— 主要道路

区位分析图

区位分析

　　规划地块位于老虎头村人流密集的区域，临近村内的主要道路与公共服务设施，具有很好的可达性。规划地块紧邻农宅，方便村民使用，为村民的休闲活动提供场地，丰富村民的日常生活。

A规划地块公共空间区位分析

　　A规划地块紧邻村内主要道路，可达性较好；公共空间与商业相结合，功能复合；周边有大量农宅，为公共空间提供使用对象；现有大面积开敞空间，规划后可形成村休闲中心。

A规划地块

图例

▨　规划界线

A规划地块公共开放空间区位示意图

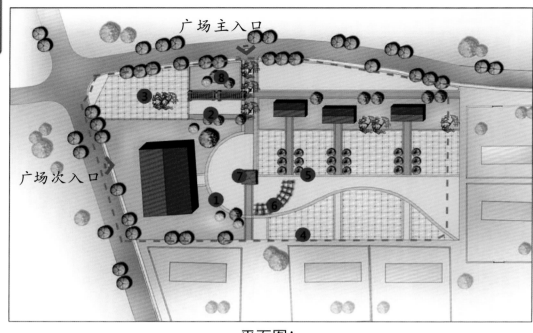
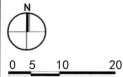

图例

① 儿童活动场地
② 老人休憩场地
③ 休闲活动场地
④ 健身器械
⑤ 公共宣传栏
⑥ 廊架
⑦ 景观亭
⑧ 景观花草池

广场主入口

广场次入口

平面图A

设计说明

　　A规划地块预留大面积开敞空间,供村民进行日常的休闲活动,并整合规划地块内原有的建筑场地,增加绿化面积,改善村民的居住环境。方案对开放空间进行合理的功能布置,兼顾村民在不同季节的使用需求。在农闲时,为村民提供不同功能的活动场地,在农忙时,村民可利用场地进行谷物晾晒及堆放。

主要用地指标

主要用地指标		
类别	面积/m²	所占比例/%
硬质铺地	1 744	59.2
绿地	907	31.0
其他	265	9.8
总计	2 916	100.0

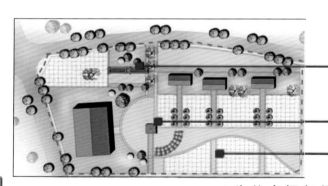

木质设施适于冬季使用

设置半开放空间便于冬季防风

大面积广场利于接收阳光照射

A公共空间气候防护图(冬季)

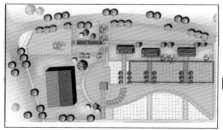

图例
▨ 停放空间
□ 晾晒空间

农忙时

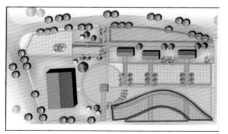

图例
□ 休闲空间
□ 观赏空间
□ 活动空间
▨ 健身空间
□ 娱乐空间

农闲时

A公共空间功能分析图

区位分析

　　B规划地块位于村中心，可达性较好。公共开放空间的使用对象主要来源于规划地块周边农宅及集贸市场。规划地块现有大面积开敞空间，规划后可形成村休闲中心。

主要用地指标

主要用地指标		
类别	面积/m²	所占比例/%
硬质铺地	1 506	55.2
绿地	1 222	44.8
总计	2 728	100.0

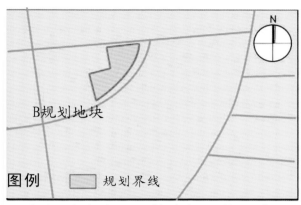

B规划地块公共开放空间区位示意图

图例　规划界线

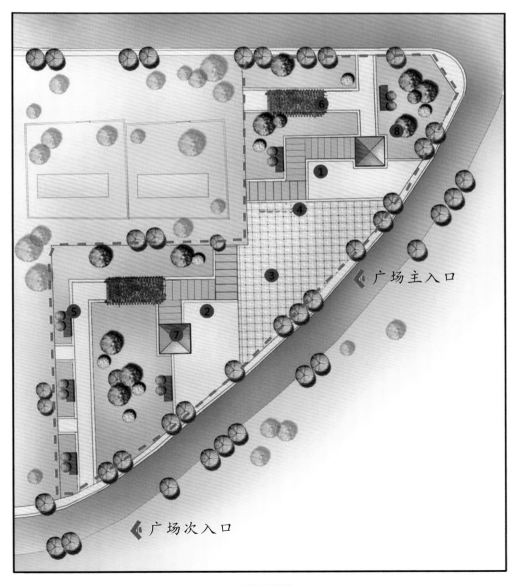

平面图B

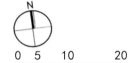

图例

① 儿童活动场地
② 老人休憩场地
③ 休闲活动场地
④ 健身器械
⑤ 休闲座椅
⑥ 廊架
⑦ 景观亭
⑧ 景观花草池

广场主入口

广场次入口

设计说明

　　规划方案在公共空间中心增加了大面积活动场地，方便村民使用。同时增加绿化面积，改善村民的居住环境。公共空间增加座椅、凉亭、健身器械等休闲设施，并进行合理的功能分区，满足村民的不同需求。

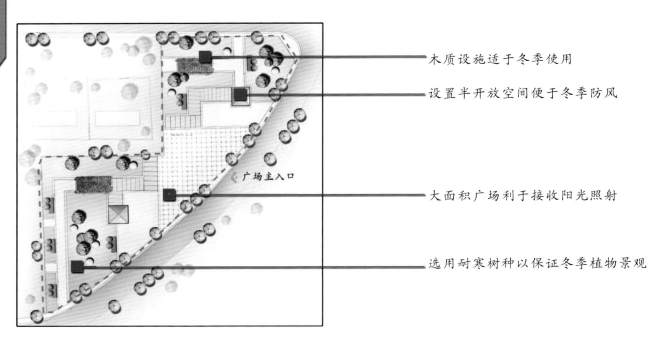

木质设施适于冬季使用

设置半开放空间便于冬季防风

大面积广场利于接收阳光照射

选用耐寒树种以保证冬季植物景观

B公共开放空间气候防护图（冬季）

景观小品大样

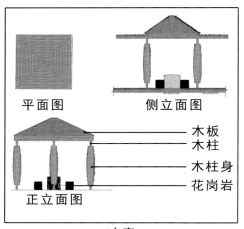

平面图　　侧立面图

木板
木柱
木柱身
花岗岩

正立面图

凉亭

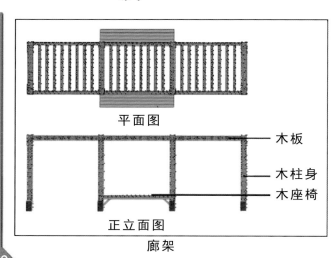

平面图

木板

木柱身

木座椅

正立面图

廊架

树种设计

　　保留规划地块原有树木，综合考虑夏季遮挡阳光和冬季防风防寒，以及四季景观的要求，公共空间采取乔、灌、草相结合，针叶、阔叶植物相结合，常绿、落叶植物相结合的方式进行树种配植。

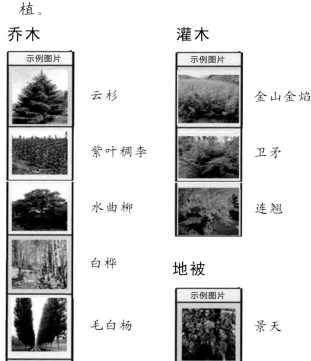

乔木

示例图片
云杉
紫叶稠李
水曲柳
白桦
毛白杨
槐树

灌木

示例图片
金山金焰
卫矛
连翘

地被

示例图片
景天
萱草

■ 开原市庆云镇兴隆台村公共开放空间整改

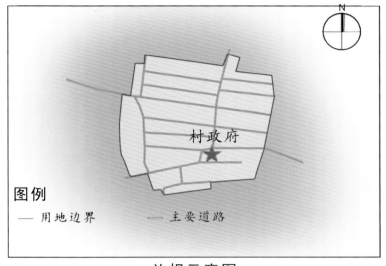

总规示意图

图例
— 用地边界　　— 主要道路

现状分析

　　兴隆台村位于开原市青云镇西南部。该村交通便利，土地平坦，土质肥沃，经济条件良好。

　　村内仍以农宅为主，公共开放空间较少，不能满足村民的基本活动需求。农户日常的户外休闲活动没有足够的场地支持。

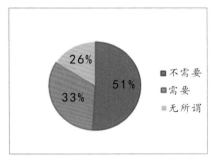

增加公共空间需求调查

	小卖店	座椅	凉亭	麻将桌	健身器材
村民李某	✔	✔	✔	✔	✔
村民徐某某		✔	✔	✔	✔
村民张某某	✔	✔	✔		✔
村民刘某		✔	✔		✔
村民张某某		✔	✔	✔	✔
村民罗某	✔	✔	✔		
村民曲某		✔	✔		✔
村民赵某某		✔	✔		✔
村民孙某	✔	✔	✔		✔
村民万某	✔	✔	✔	✔	✔

增加公共空间设施调查

　　在村内进行公共空间需求调查，半数以上农户认为不需要增加大面积的公共开放空间。在严寒地区冬季出行不利的情况下，大多数村民会选择靠近自家庭院的位置进行简单的户外活动。公共空间需增加的设施以凉亭、座椅、健身器材为主。

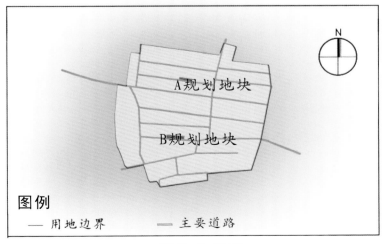

区位分析图

图例
— 用地边界　　— 主要道路

选址分析

　　A、B规划地块均位于村内农宅密集区，可达性较好。

　　规划地块既能与外部道路产生很好的联系，又能与农宅院落形成连接，方便村民的使用。在保证私密性的同时，又能满足村民对休闲空间的不同需求。

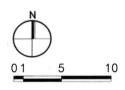

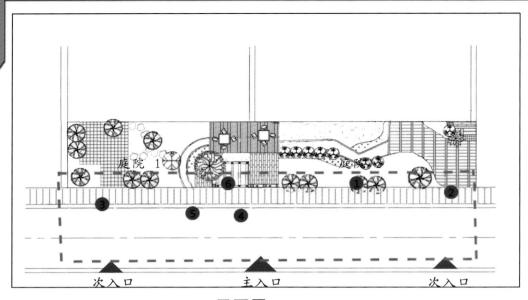

平面图A

图例
① 儿童活动场地
② 老人休憩场地
③ 健身器械
④ 廊架
⑤ 景观花草池
⑥ 休闲座椅

主要用地指标

主要用地指标		
类别	面积/m²	所占比例/%
硬质铺地	168	48.2
绿地	179	51.8
总计	347	100.0

设计说明

　　综合考虑村民对日常休闲活动的场地需求和环境景观的需要，方案规划大面积开敞空间，将A规划地块定位为宅间休闲性公共开放空间。规划地块内设置座椅、廊架、健身器械等设施，铺装均采用防滑材质，同时进行无障碍设计，体现公共开放空间的人性化与地域性。

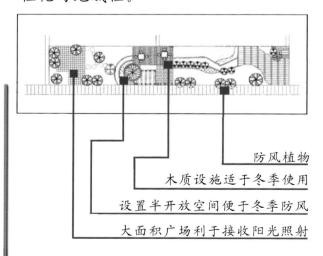

防风植物
木质设施适于冬季使用
设置半开放空间便于冬季防风
大面积广场利于接收阳光照射

A公共开放空间气候防护图（冬季）

上午8：00~11：00

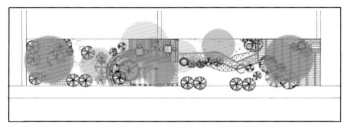

人群活动由高到低 ▨▨▨

中午11：00~13：00

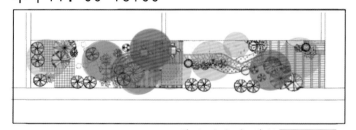

人群活动由高到低 ▨▨▨

下午13：00~16：00

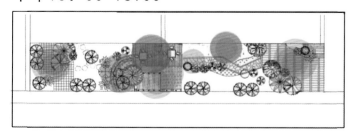

人群活动由高到低 ▨▨▨

A公共开放空间使用分布图

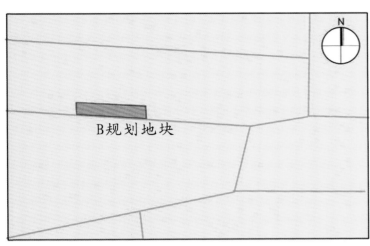

B公共开放空间区位示意图

区位分析

B规划地块位于村中心，临近村内主要道路，具有很强的可达性。公共开放空间与农宅院落相结合，更便于村民使用，同时加强村民之间的交流。

图例

▨ 规划界线

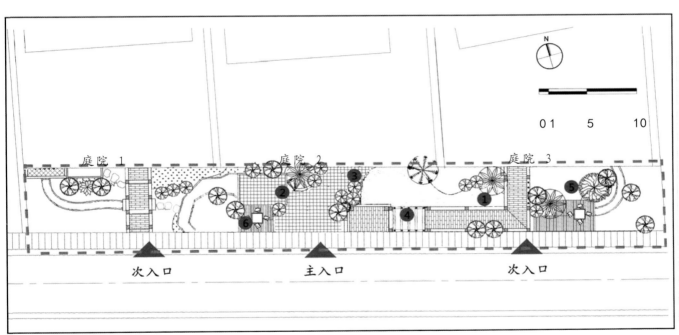

平面图B

图例

1 儿童活动场地　　4 廊架
2 老人休憩场地　　5 景观花草池
3 健身器械　　　　6 休闲座椅

主要用地指标

主要用地指标		
类别	面积/m²	所占比例/%
硬质铺地	306	58.2
绿地	159	41.8
总计	465	100.0

设计说明

B规划地块采用公共开放空间与农宅院落相结合的方式进行设计，规划大面积开敞空间供村民进行休闲活动。通过增加绿化面积改善局部微气候环境，进而提高村民的居住质量。规划设置凉亭、廊架等半开放空间，在夏季遮风避雨，在冬季防风防寒。

考虑村民在冬季的体验感受，规划地块内部设施全部采用木质材料。公共开放空间采用无障碍设计，便于老人和儿童的使用，并为儿童专门设置沙坑等游戏空间，丰富空间功能。

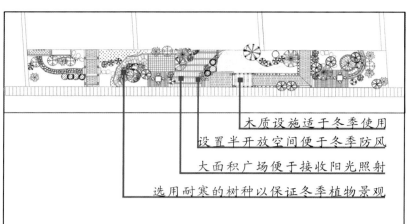

木质设施适于冬季使用
设置半开放空间便于冬季防风
大面积广场便于接收阳光照射
选用耐寒的树种以保证冬季植物景观

B公共开放空间气候防护图（冬季）

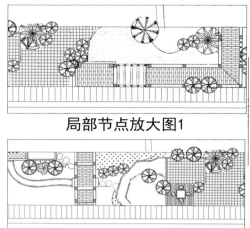

局部节点放大图1

局部节点放大图2

上午8：00~11：00

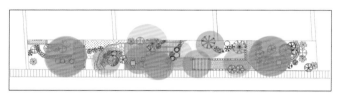

人群活动由高到低

中午11：00~13：00

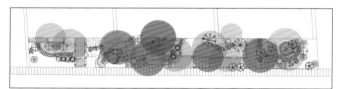

人群活动由高到低

下午13：00~16：00

人群活动由高到低

B公共空间使用分布图

树种设计

云杉

耐阴、耐寒、喜凉爽、耐干旱、抗风

油松

喜光、深根性树种，喜干冷、抗风

国槐

喜光稍耐阴，适合较冷气候，抗风，耐旱

稠李

耐阴，抗寒能力强，色彩艳丽花期较长

景天

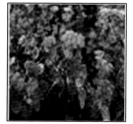

干燥通风，药用价值

连翘

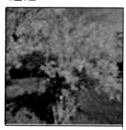

耐阴、耐寒、耐旱

严寒地区村庄局部公共开放空间设计

严寒地区村庄入口规划

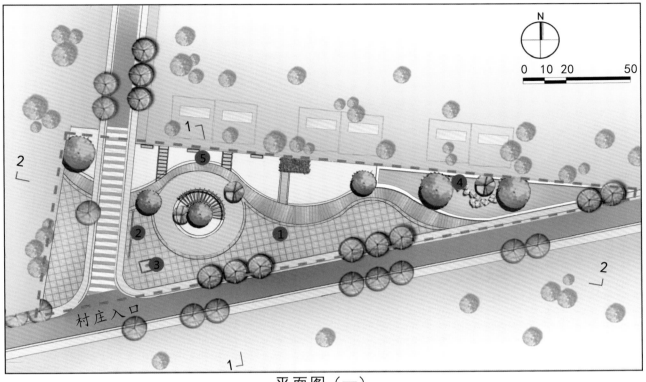

平面图（一）

图例

① 休闲活动场地
② 公共宣传栏
③ 雕塑
④ 景观花草池
⑤ 休闲座椅

设计说明

　　规划地块位于村庄的入口处，其建设目标是体现村庄的文化气息，展示村庄的人文历史，彰显其独特的景观风貌。同时，广场作为村民重要的活动场地，可为村民提供休闲、娱乐的场所，满足其生活需求。

　　广场硬质铺地采用防滑材质，增强村民冬季使用的安全性。广场北侧构建蜿蜒的木质休闲道，增加广场的灵活性。在广场东北角布置休闲绿地，种植耐寒乔木，保证广场四季常绿，因地制宜，创造出展现村庄特有的乡土景观风貌。

主要用地指标

主要用地指标		
类别	面积/m²	所占比例/%
硬质铺地	1 113	59.4
绿地	761	40.6
总计	1 874	100.0

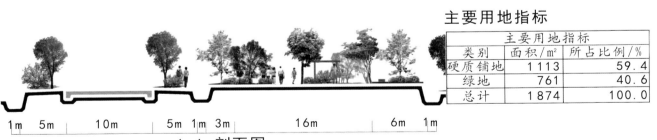

1m　5m　10m　5m 1m 3m　16m　6m 1m

1-1 剖面图

1m　7m　6m　8m　12m　20m　1m 5m　10m　5m 1m

2-2 剖面图

设计说明

　　规划地块位为村庄主入口处，同时也是村民重要的休闲活动广场。本次规划设计充分利用地形地势特征，以当地独特的自然风光及农产品作为景观要素，突出村庄特色的同时又提升了村庄的整体形象，创造独具魅力的公共开放空间，展现村庄特有的人文景观风貌。

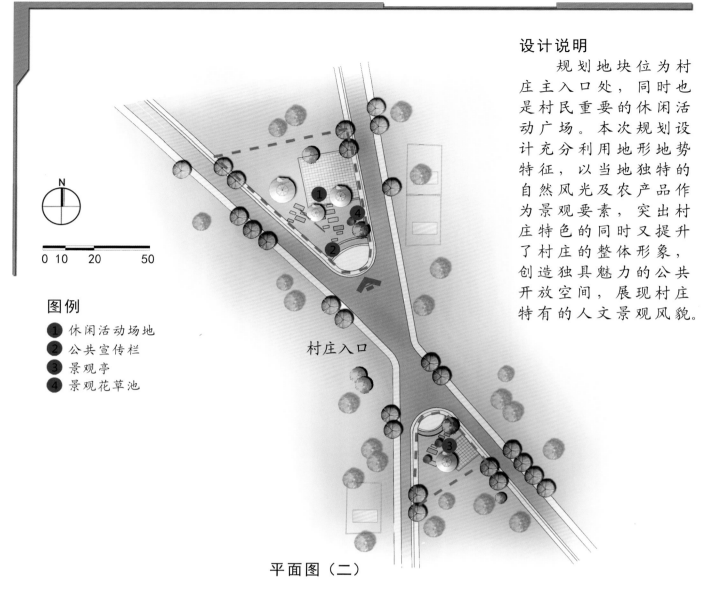

图例

① 休闲活动场地
② 公共宣传栏
③ 景观亭
④ 景观花草池

村庄入口

平面图（二）

节点设计说明

　　入口广场节点设计主要采用乡土植物搭配的方式以形成独特的景观，绿地中配植耐寒的高大乔木与灌木，营造出独具特色的环境。规划地块东侧设置硬质场地，为村民进行文体娱乐、集会等活动提供必要场所，提高公共开放空间的使用率。广场内部构建代表当地特色的建筑小品，提升村庄的标识性。

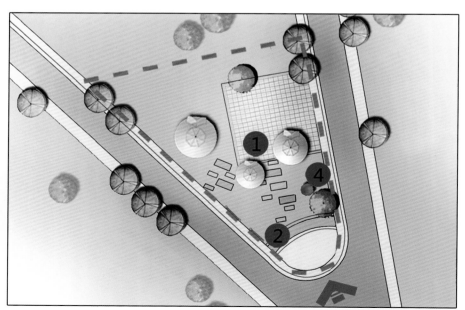

节点设计

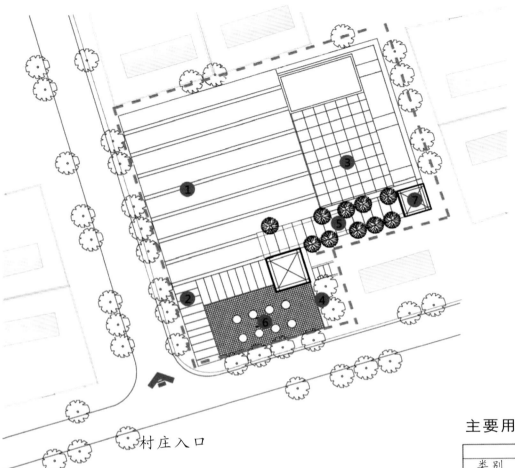

图例
1 休闲活动场地
2 公共宣传栏
3 雕塑
4 景观花草池
5 林荫步道
6 休闲座椅
7 景观亭

村庄入口

平面图（三）

主要用地指标

主要用地指标		
类别	面积/m²	所占比例/%
硬质铺地	1 310	57.9
绿地	951	42.1
总计	2 261	100.0

图例
—用地界线　　主要道路　　规划地块

区位分析图

设计意向图

　　村口的广场是村庄的门户，因此在设计中应突出村庄特色，如自然特色、文化特色、习俗展现或产业标识等。

■ 严寒地区圆形小聚落公共开放空间规划

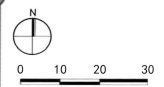

设计说明

　　规划地块位于L型道路转弯处，呈方形布局。规划地块沿L型道路两侧分别设置广场主、次入口。

　　在规划地块中央正对主入口处规划圆形广场，通过使用不同材质的硬质铺地，形成广场中心的开放空间，同时与方形地块巧妙衔接。

　　树种配植采用丛植、孤植和对植等种植方式相结合。规划地块东北侧种植常绿阔叶树种对规划地块进行围合，以减弱冬季寒风对村民的影响，保证村民在寒冷的冬季有一个环境舒适的公共开放空间。

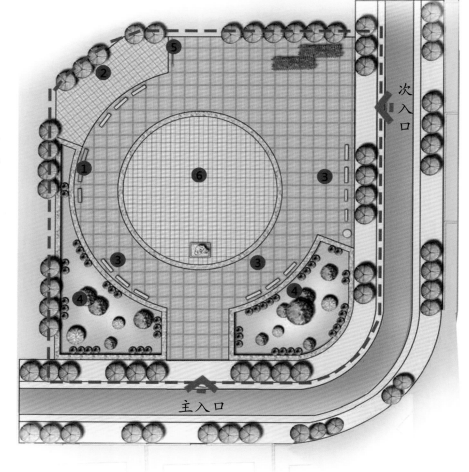

平面图

主要用地指标

主要用地指标		
类别	面积/m²	所占比例/%
硬质铺地	3 813	74.1
绿地	1 087	25.9
总计	4 900	100.0

图例

① 休闲座椅　　④ 景观花草池
② 老人休憩场地　⑤ 公共宣传栏
③ 健身器械　　⑥ 休闲活动场地

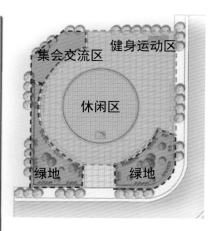

功能布局分析图

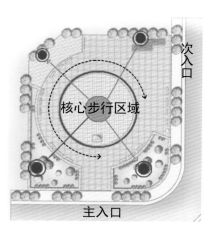

步行组织分析图

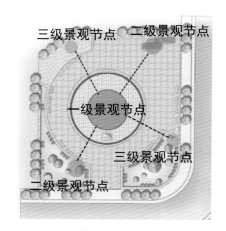

景观节点分析图

严寒地区方形小聚落公共开放空间规划

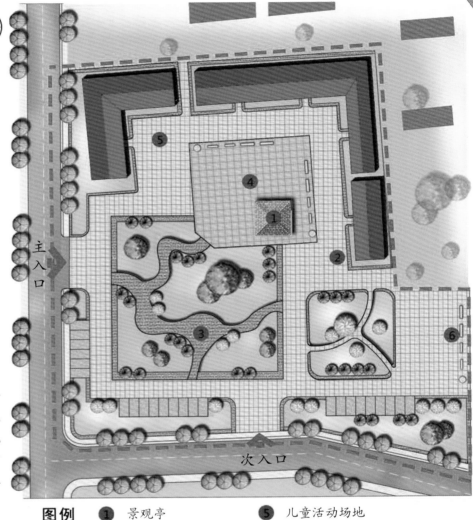

0　10　20　　50　　N

设计说明

　　规划地块西、南两侧紧邻村庄道路，北侧被建筑包围，南向面对村庄道路开敞。

　　沿道路方向分别设置主、次出入口。在规划地块内分别设置开敞式和半开敞式公共开放空间作为村民主要活动空间。靠近北部建筑一侧规划公共广场，作为集会交流和体育休闲空间使用，同时规划两处公共绿地，作为绿色休闲空间使用，并在一定程度上改善公共开放空间的微气候。

　　沿道路一侧规划设计停车位，供机动车或农机停放。规划地块东南角规划健身设施、休闲游园和沙坑等，可为不同年龄段村民提供活动设施。

主入口

次入口

主要用地指标

主要用地指标		
类别	面积/m²	所占比例/%
硬质铺地	6 201	69.7
绿地	2 150	24.2
其他	549	6.1
总计	8 900	100.0

图例

① 景观亭　　　　⑤ 儿童活动场地
② 老人休憩场地　⑥ 健身器械
③ 散步道
④ 休闲活动场地

平面图

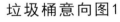

垃圾桶意向图1

垃圾桶意向图2

石凳意向图1

石凳意向图2

中心花园意向图

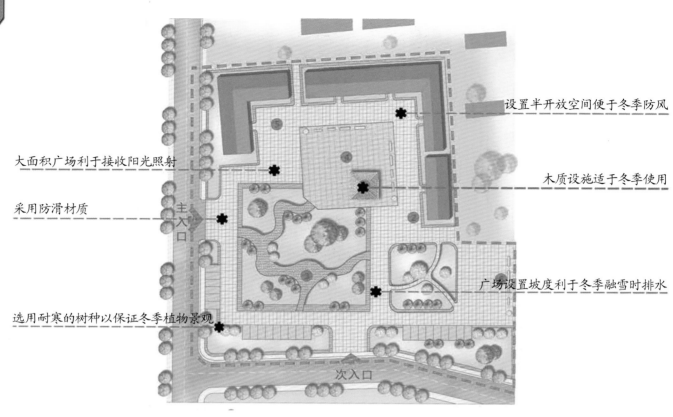

设置半开放空间便于冬季防风

大面积广场利于接收阳光照射

木质设施适于冬季使用

采用防滑材质

广场设置坡度利于冬季融雪时排水

选用耐寒的树种以保证冬季植物景观

公共空间气候防护图

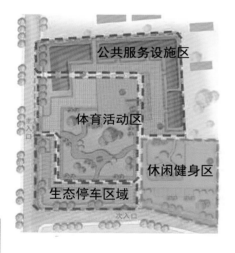

功能布局分析图

规划地块布局较为规整，规划活动广场旨在为附近村民服务，广场由体育活动区、休闲健身区、生态停车区和公共服务设施区四部分功能区组成。

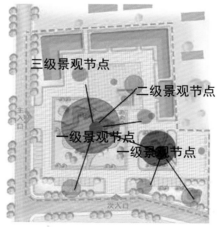

景观节点分析图

规划景观层次丰富，形成以中心广场为主、休闲绿地为辅的一级景观节点，以周围主要停留空间为主的二级景观节点，以及零散空间为主的三级景观节点的格局。

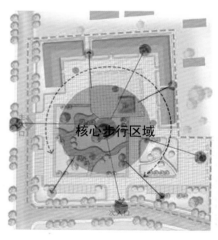

步行组织分析图

村民可从主、次入口分别进入核心步行中心广场区，同时组织向周边停车场、建筑、休闲绿地、健身场和沙池等的步行路径。